"十四五"职业教育国家规划教材

高等职业院校
机电类"十三五"规划教材

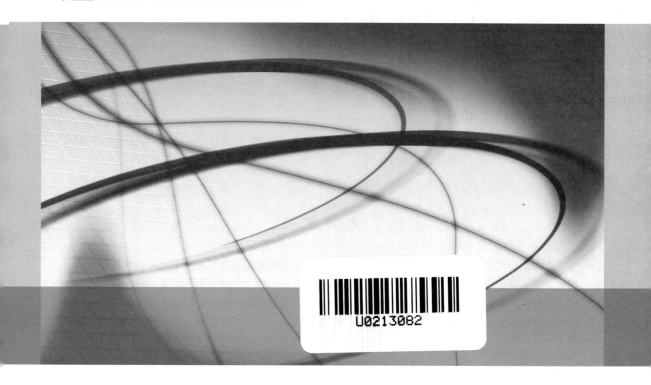

U0213082

维修电工
实训指导

王德春 陈兴劼 / 主编

邓勇 张俊佳 简春梅 刘健 / 副主编

唐春林 / 主审

人民邮电出版社

北 京

图书在版编目（CIP）数据

维修电工实训指导 / 王德春，陈兴劼主编. -- 北京：
人民邮电出版社，2017.1
高等职业院校机电类"十三五"规划教材
ISBN 978-7-115-44461-5

Ⅰ. ①维… Ⅱ. ①王… ②陈… Ⅲ. ①电工－维修－
高等职业教育－教材 Ⅳ. ①TM07

中国版本图书馆CIP数据核字(2016)第311193号

内 容 提 要

　　本书以培养学生的中、高级电工维修技能为核心，以技能考证为导向，以实际动手操作为主、理论知识为辅，详细介绍了日光灯照明电路的安装与装配，电子元件识别与测量，万用表的制作，点动控制电路、双重联锁的正反转控制电路、Ｙ-△降压启动控制电路的安装与调试操作等内容。

　　本书可作为高职高专各专业基础电类课程的教学用书，也可供有关技术人员参考、学习、培训之用。

◆ 主　　编　王德春　陈兴劼
　　副 主 编　邓　勇　张俊佳　简春梅　刘　健
　　主　　审　唐春林
　　责任编辑　刘盛平
　　执行编辑　王丽美
　　责任印制　焦志炜

◆ 人民邮电出版社出版发行　　北京市丰台区成寿寺路 11 号
　　邮编　100164　电子邮件　315@ptpress.com.cn
　　网址　http://www.ptpress.com.cn
　　北京隆昌伟业印刷有限公司印刷

◆ 开本：787×1092　1/16
　　印张：10.5　　　　　　　　　2017 年 1 月第 1 版
　　字数：243 千字　　　　　　　2024 年 12 月北京第 19 次印刷

定价：29.80 元
读者服务热线：(010)81055256　印装质量热线：(010)81055316
反盗版热线：(010)81055315

前 言

进入 21 世纪后，我国的高职高专教育进行了全面的改革，目的在于培养具有竞争意识、懂理论、有技术的一线技术技能型人才。为此，本书在内容的编写上，以培养学生的实践意识、实际动手能力为主要目标，使学生在学习过程中，深入认识实践操作的重要性，为日后工作打下扎实的基础。

本书是在编者所在学校教学使用多年的实训操作讲义的基础上修改的，全书采用项目教学的方式组织内容，每个项目来源于维修电工考证的典型题目。项目由项目学习、项目制作、相关知识、技能训练、考核评价和拓展提高等部分组成。通过对这 10 个由简单到复杂的电路安装实训的学习和训练，学生不仅能够掌握中、高级维修电工操作的原理性知识，而且能够掌握电工、电子、电力拖动基本电路的安装与调试方法，达到熟练掌握安全知识、熟练识别元件、熟练掌握安装与调试基本电路的水平。

本书由重庆公共运输职业学院王德春、陈兴劼任主编；重庆公共运输职业学院邓勇、张俊佳、简春梅，重庆市轨道交通（集团）有限公司通号公司安质部刘健任副主编；重庆公共运输职业学院刘华桥、聂坤荣，重庆市轨道交通（集团）有限公司周江平参编。王德春编写了第一单元，陈兴劼编写了第四单元的项目八，邓勇编写了第三单元的项目七，张俊佳编写了第二单元的项目四，简春梅编写了第二单元的项目五，刘健编写了第四单元的项目九，刘华桥编写了第四单元的项目十，聂坤荣编写附录，周江平编写了第三单元的项目六。重庆公共运输职业学院教务处处长唐春林（教授、高级工程师、高级技师）为本书主审。本书在编写过程中还得到了重庆公共运输职业学院常务副院长李海峰的指导，以及刘杰、牟刚、龙讯、徐晓灵、蔡娟、侯晓娟、张莉、刘阳、王瑜琳和邓春兰的热情帮助，在此一并表示感谢。

本书为重庆公共运输职业学院和重庆市轨道交通（集团）有限公司共同开发的教材，同时也是重庆公共运输职业学院在重庆市高等职业院校专业能力建设（骨干专业）项目（城市轨道交通机电技术专业）及教育教学改革研究项目（项目编号：YSJG50160501）的成果之一。

由于编者水平和经验有限，书中难免有欠妥和错误之处，恳请读者批评指正。

编　者
2016 年 11 月

目　录

第一单元　电工安全及用电常识 ············ 1

项目一　安全用电知识 ················ 1

项目学习 ···················· 2

相关知识 ···················· 2

一、安全标志 ················ 2

二、安全电压 ················ 3

三、安全用具 ················ 3

考核评价 ···················· 4

项目二　电工安全操作知识 ············ 5

项目学习 ···················· 6

相关知识 ···················· 6

一、电气装置的操作规程 ········ 6

二、电工安全操作规程 ·········· 7

三、电工安全安装 ············ 8

四、电工安全维修 ············ 9

五、电工安全使用 ············ 9

考核评价 ··················· 11

项目三　触电的危害性与急救 ········· 11

项目学习 ··················· 12

相关知识 ··················· 13

一、电流对人体的影响 ········· 13

二、造成触电的原因 ·········· 14

三、触电的形式 ············· 14

四、触电急救 ··············· 15

五、电气设备的安全距离 ······· 17

考核评价 ··················· 18

第二单元　电工基础技能实训 ········· 20

项目四　白炽灯照明电路的安装 ······· 20

项目制作 ··················· 21

一、所需仪器仪表、工具与材料的
领取与检查 ············· 21

二、穿戴与使用绝缘防护用具·· 21

三、现场管理及仪器仪表、工具
与材料的归还 ·········· 22

相关知识 ··················· 22

技能训练 ··················· 24

白炽灯照明电路的安装 ······· 24

考核评价 ··················· 26

项目五　日光灯照明电路的装配 ······· 27

项目制作 ··················· 28

一、所需仪器仪表、工具与材料的
领取与检查 ············· 28

二、穿戴与使用绝缘防护用具·· 28

三、现场管理及仪器仪表、工具
与材料的归还 ·········· 29

相关知识 ··················· 29

一、导线绝缘层的剖削 ········· 29

二、铜线的连接方法 ·········· 31

三、连接接头的绝缘恢复 ······· 33

技能训练 ··················· 34

日光灯照明电路的装配 ······· 34

考核评价 ··················· 36

第三单元　电子技能基础实训 ········· 38

项目六　电子元件基本知识 ·········· 38

项目制作 ··················· 39

一、所需仪器仪表、工具与材料的
领取与检查 ············· 39

二、穿戴与使用绝缘防护用具‥39

三、现场管理及仪器仪表、工具
与材料的归还‥‥‥‥‥40

相关知识‥‥‥‥‥‥‥‥‥40

一、电阻‥‥‥‥‥‥‥‥‥40

二、二极管‥‥‥‥‥‥‥‥42

三、三极管‥‥‥‥‥‥‥‥43

四、电容‥‥‥‥‥‥‥‥‥45

五、电位器的概念、作用及主要
参数‥‥‥‥‥‥‥‥‥46

技能训练‥‥‥‥‥‥‥‥‥48

考核评价‥‥‥‥‥‥‥‥‥56

项目七 万用表制作与电子装调‥‥‥57

项目制作‥‥‥‥‥‥‥‥‥57

一、所需仪器仪表、工具与材料的
领取与检查‥‥‥‥‥‥57

二、穿戴与使用绝缘防护用具‥62

三、工作现场管理及仪器仪表、
工具与材料的归还‥‥‥62

相关知识‥‥‥‥‥‥‥‥‥62

一、万用表‥‥‥‥‥‥‥‥62

二、特殊元器件的识别‥‥‥63

三、元器件安装与焊接的实施‥65

四、MF47 型万用表的认识‥‥‥73

五、MF47 型万用表的电路
原理‥‥‥‥‥‥‥‥‥75

六、万用表故障的分析与处理‥76

技能训练‥‥‥‥‥‥‥‥‥78

一、51 开发板的焊接‥‥‥‥78

二、51 开发板的性能特点‥‥82

三、51 开发板的作用‥‥‥‥83

四、现场管理要求‥‥‥‥‥84

考核评价‥‥‥‥‥‥‥‥‥84

拓展提高‥‥‥‥‥‥‥‥‥85

编程器‥‥‥‥‥‥‥‥‥85

第四单元 电气线路安装与调试‥‥‥88

项目八 点动控制电路的安装与调试‥‥88

项目制作‥‥‥‥‥‥‥‥‥89

一、所需仪器仪表、工具与材料的
领取与检查‥‥‥‥‥‥89

二、穿戴与使用绝缘防护用具‥89

三、现场管理及仪器仪表、工具
与材料的归还‥‥‥‥‥89

相关知识‥‥‥‥‥‥‥‥‥90

一、低压电器分类‥‥‥‥‥90

二、开关及主令电器‥‥‥‥91

技能训练‥‥‥‥‥‥‥‥‥117

一、点动控制电路‥‥‥‥‥117

二、检测和调试电路‥‥‥‥118

三、现场管理要求‥‥‥‥‥119

考核评价‥‥‥‥‥‥‥‥‥119

拓展提高‥‥‥‥‥‥‥‥‥120

一、具有过载保护的接触器自锁
控制电路的安装与调试‥120

二、低压电器的基本结构‥‥‥121

项目九 双重联锁的正反转控制电路
的安装‥‥‥‥‥‥‥‥123

项目制作‥‥‥‥‥‥‥‥‥124

一、所需仪器仪表、工具与材料的
领取与检查‥‥‥‥‥124

二、穿戴与使用绝缘防护用具‥124

三、现场管理及仪器仪表、工具
与材料的归还‥‥‥‥‥125

相关知识‥‥‥‥‥‥‥‥‥125

一、电气控制系统基础知识‥125

二、电动机的点动与连续运行
电路‥‥‥‥‥‥‥‥‥129

三、电动机正反转控制电路‥‥129

四、接触器互锁的正反转控制
电路‥‥‥‥‥‥‥‥‥131

技能训练‥‥‥‥‥‥‥‥‥132

一、双重联锁的正反转控制
电路‥‥‥‥‥‥‥‥‥132

二、现场管理要求‥‥‥‥‥134

考核评价‥‥‥‥‥‥‥‥‥134

拓展提高‥‥‥‥‥‥‥‥‥135

直流电动机·············135

项目十　Υ-△降压启动控制电路的
　　　　安装·········136

项目制作·············137

　一、所需仪器仪表、工具与材料的
　　　领取与检查·······137

　二、穿戴与使用绝缘防护用具··138

　三、现场管理及仪器仪表、工具
　　　与材料的归还·······138

相关知识·············138

　一、三相异步电动机的构造···138

　二、三相异步电动机的转动
　　　原理·········139

技能训练·············141

　一、电动机顺序控制电路·······141

　二、电动机控制电路的顺序控制

电路·············142

　三、Υ-△降压启动控制的安装与
　　　检修·········143

　四、现场管理要求·········146

考核评价·············146

拓展提高·············147

　一、电气故障分析方法········147

　二、电气原理图的阅读·········149

附录　···········151

　附录A　高级电工理论知识考核模拟
　　　　试题及参考答案·······151

　附录B　常用电气符号与限定符号···158

参考文献　···········160

第一单元

电工安全及用电常识

项目一

安全用电知识

 项目描述

电能是一种方便高效的能源，它的广泛应用促成了人类近代史上的第二次技术革命，有力地推动了人类社会的发展，给人类创造了巨大的财富，改善了人类的生活。但同时电也给我们带来安全隐患，如果在生产和生活中不注意安全用电，就会带来严重的灾害。

安全用电包括供电系统的安全、用电设备的安全及人身安全三个方面，它们之间既自成体系，又紧密联系。供电系统的故障可能导致用电设备的损坏或人身伤亡事故，而用电事故也可能导致局部或大范围停电。

在用电过程中，必须特别注意电气安全，如果稍有疏忽，就可能造成严重的人身触电事故，或引起火灾、甚至爆炸，给国家和人民带来极大的损失。

 学习目标

（1）熟悉电力安全标志。

（2）了解安全用电知识。

（3）掌握安全用电的电压等级，了解我国生活用电的电压高低。

（4）掌握安全用具的用途及使用方法。

（5）掌握电工安全操作方法与理论知识。

（6）掌握触电的危害与正确的急救方法，能对触电者施救。

（7）善于观察、做好学习笔记与学习总结，养成良好的学习习惯。

项 目 学 习

1. 学习准备

以 3～5 人为一个学习小组,每组选出 1 位学习组长,由组长负责与老师进行学习项目内容的沟通,并组织好本组同学共同完成项目的学习任务。

2. 学习任务

组长根据学习任务,针对小组成员的学习能力与个人特点进行学习任务分配,共同完成以下内容的学习。学习完成后,做好学习记录并总结,以巩固所学的知识点。

(1)常见的电力安全标志及功能有哪些?

学习记录:

(2)我国安全用电等级有哪些?

学习记录:

(3)常用安全用具有哪几种?简述它们的功能。

学习记录:

(4)简述触电的种类及触电对人体的影响。

学习记录:

相 关 知 识

一、安全标志

我国 GB 2894—2008《安全标志及其使用导则》规定了在容易发生事故或危险性较大的场所设置安全标志的原则,并列出了所有安全标志。与电力安全有关的有 35 种主要标志,辅助标志由地方有关部门根据需要设计制作,经常用到的安全标志如图 1-1所示。

| 禁止吸烟标志 | 禁止使用明火标志 | 禁止放置易燃物标志 | 禁止启动标志 | 禁止用水救火标志 |

| 禁止合闸标志 | 禁止靠近标志 | 注意安全标志 | 当心触电标志 | 当心电缆标志 |

图 1-1　安全标志图

二、安全电压

安全电压，是指为了防止发生触电事故而由特定电源供电所采用的电压系列。当电气设备采用的电压超过安全电压时，必须按规定采取防止人直接接触带电体的保护措施。

安全电压应满足以下 3 个条件。

① 标称电压不超过交流 50V、直流 120V。

② 由安全隔离变压器供电。

③ 安全电压电路与供电电路及大地隔离。

根据生产和作业场所的特点，采用相应等级的安全电压，是防止发生触电伤亡事故的根本性措施。国家标准《安全电压》（GB/T 3805—2008）规定我国安全电压额定值的等级为 42V、36V、24V、12V 和 6V，用电者应根据作业场所、操作员条件、使用方式、供电方式、线路状况等因素选用。例如，特别危险的环境中使用的手持电动工具应采用 42V 特低电压；有电击危险的环境中使用的手持照明灯和局部照明灯应采用 36V 或 24V 特低电压；金属容器内、特别潮湿处等特别危险环境中使用的手持照明灯应采用 12V 特低电压；水下作业等场所应采用 6V 特低电压。

安全电压值的规定，各国有所不同，我国根据具体环境条件的不同，对安全电压值规定如下。

① 在无高度触电危险的建筑物中为 65V。

② 在有高度触电危险的建筑物中为 24V。

③ 在有特别触电危险的建筑物中为 12V。

三、安全用具

安全用具按功能可分为操作用具和防护绝缘安全用具。防护绝缘安全用具分为基本安全用具和辅助安全用具，前者的绝缘强度能长时间承受电气设备的工作电压。防护绝缘安全用具包括绝缘棒、绝缘夹钳、绝缘靴和绝缘手套等。

1. 绝缘棒

绝缘棒又称为绝缘杆、操作杆或拉闸杆，用电木、胶木、塑料、环氧玻璃布棒等材料制成，结构如图 1-2 所示。绝缘棒由工作部分、绝缘部分、握手部分和保护环组成。

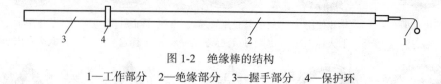

图 1-2　绝缘棒的结构

1—工作部分　2—绝缘部分　3—握手部分　4—保护环

2. 绝缘夹钳

绝缘夹钳是用来安装和拆卸高压熔断器或执行其他类似工作的工具，主要用于 35kV 及以下电力系统。绝缘夹钳由工作钳口、绝缘部分和握手三部分组成，各部分都用绝缘材料制成，只是工作部分是一个坚固的夹钳，并有一个或两个管型的开口，用以夹紧熔断器，如图 1-3 所示。

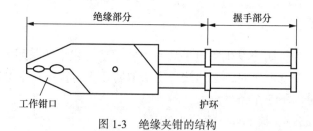

图 1-3　绝缘夹钳的结构

3. 绝缘靴

绝缘靴由绝缘性能良好的特种橡胶制成，在带电操作高压或低压电气设备时，可防止跨步电压对人体的伤害。

4. 绝缘手套

绝缘手套由绝缘性能良好的特种橡胶制成，有高压、低压两种。绝缘手套的作用是为操作高压隔离开关和断路器等设备、在带电运行的高压电器和低压电气设备上工作时，预防接触电压。

随着人类对电力能源的重视与不断应用，电力设施与设备已与现代人类的工作与生活密不可分。电力甚至成为现代各行各业发展的基础前提。但不可否认的是由于种种原因，电力能源在带给人们工作与生活的便利的同时，由电气设备产生的问题也对人类的生产与生活造成了不少烦恼与损失，有时甚至表现为灾难。因此，电气安全不仅已成为各国电气操作与学习人员消除安全生产隐患、防止伤亡事故、顺利完成各项任务的重要工作内容，同时也是电工工作者首要面临并着力解决的课题。

考 核 评 价

本项目考核评价表见表 1-1。

表 1-1　　　　　　　　　　　　　　考核评价表

考核项目	考核内容	考核方式	比重
态度	1. 工作现场整理、整顿，清理不到位，每项扣 5 分 2. 发生短路故障扣 5 分；损坏实训设备扣 5 分 3. 操作期间不能做到安全、整洁扣 5 分 4. 不遵守教学纪律，有迟到、早退、玩手机等现象，每次扣 5 分 5. 进入操作现场，未按要求穿带装备，每项扣 5 分	学生自评 + 学生互评 + 教师评价	30%
技能	1. 不能完成"安全标志图"内容的识别，每项扣 3 分 2. 不能完成"安全用电等级"内容的资料查找，每项扣 3 分 3. 不能完成"安全用具"内容的操作，每项扣分 3 分	教师评价 + 学生互评	40%
知识	由教师对以下每项知识准备 2 道问题用于学生答辩，每答错一次扣 10 分 1. "安全标志图"相关知识 2. "安全电压"相关知识 3. "安全用具"相关知识 学习结束后，不能及时清理、清洁学习场地，扣 10 分	教师评价	30%

项目二
电工安全操作知识

 项目描述

　　随着生产与生活用电的普及，因用电操作不安全引发的触电事故也相应增多；如果我们再不重视，便会危及操作者的人身安全，甚至会影响到他人的生命安全及设施的安全。

　　为了保证电气工作的安全，电气工作人员除必须掌握常用电工工具的正确使用方法外，还要明确在作业过程中所采取的各种安全技术措施，并严格执行各种规章制度。

　　通过本项目的学习，学生可以初步了解电气操作安全知识，掌握电气操作规程，能正确使用电工常用工具进行电工学习，以更好地服务于电工行业。

 学习目标

（1）了解安全用电知识。

（2）会正确使用电工常用工具进行电工作业。

（3）了解电工检修作业中保证安全的技术措施。

（4）在工作过程中，能进行安全文明操作。

（5）能进行学习资料的收集、整理与总结，培养良好的工作习惯。

项 目 学 习

1. 学习准备

（1）学生分组

以 3~5 人为一个学习小组，每组选出 1 位学习组长作为负责人，由组长负责与教师进行学习项目内容的沟通，并组织好本组成员共同完成本项目的练习与学习任务。在此项目学习中，团队成员间应相互协作，服从安排，在学习组长的协调安排下共同完成电工安全操作项目的练习。

（2）资源准备

① 由组长安排组员进行电工安全操作知识讨论，最后得出最终结果并进行认定与修改。

② 由教师为学习小组提供资源。对于电子资源，由组长存入 U 盘带回本组，对于纸质资料、书籍，应做好借用登记手续，以便归还。

2. 学习任务

组长根据学习任务，针对小组成员的学习能力与个人特点进行学习任务分配，共同完成以下内容的学习。学习完成后，做好学习记录，不断总结，以巩固所学的知识点。

（1）进行电工操作时，我们如何做到准时送电？

学习记录：

（2）在进行电气装置操作及使用工具时，应该注意什么？

学习记录：

（3）在潮湿环境中使用移动电器时，应该注意什么？

学习记录：

相 关 知 识

一、电气装置的操作规程

为了保障电工安全操作，防止发生触电事故，所有电气装置的操作人员和维修人员必须熟悉电气装置的安全规程及操作知识，遵循"安全第一、预防为主"的原则。

1. 电气工作人员必须具备的条件

① 经医生鉴定，无妨碍工作的病症。

② 了解必要的电气知识。

③ 熟悉本专业的安全规程。

④ 懂得紧急救护的方法，如触电解救、人工呼吸法等。

2. 导致触电事故的主要原因

① 缺乏电气安全知识。

② 违法操作规程。

③ 设备不合格及维修不善。

④ 偶然因素。

3. 电工作业人员主要安全职责

① 必须严格执行有关安全生产的法规，其中包括有关标准、规程、规范和制度。

② 不得违章指挥和违章操作，并有权拒绝违章指挥和制止他人违章操作。

③ 如实报告电气事故（包括触电未遂事故），不得隐瞒并有权保护事故现场。

④ 电气技工间断岗位操作 3 个月以上者应重新学习有关安全规程，并经考核合格方可恢复独立工作。

⑤ 应具备相应的电工基础理论知识，不断提高电气安全水平，要掌握电气安全措施的通用组织措施和通用技术措施，掌握触电急救法和人工呼吸法。

⑥ 应按规定参加培训、考核和复审。

⑦ 必须持合格操作证，方可从事独立操作，电工作业人员不得擅自从事本岗位以外的电工作业（应急、抢救除外）。

4. 停电拉闸和送电合闸顺序

停电拉闸操作必须按照"开关→负载侧刀闸→母线侧刀闸"顺序依次操作，送电合闸的顺序与其相反，严防带负荷拉刀闸。

二、电工安全操作规程

① 电工作业人员必须经过专门培训、考核合格后，持全国统一的特种作业人员操作证，方能上岗作业，严禁无证上岗；电工作业必须两人同时进行，一人作业，另一人监护。

② 在全部停电或部分停电的电气线路设备上工作时，必须将设备线路断开电源，并对可能送电的部分及设备线路采取防止突然串电的措施，必要时应进行短路保护。

③ 检修电气设备线路时，应先将电源切断，拉断刀闸，取下保险，将配电箱锁好，并挂上"有人工作，禁止合闸"的警示牌（见图 2-1），或派专人看护。

④ 所有绝缘检验工具应妥善保管，严禁他用，存放在干燥、清洁的工具柜内，并按规定进行定期检查、校验。使用前，必须先检查确认状态良好。

⑤ 在带电设备附近作业，严禁使用钢卷尺测量尺寸。用锤子打接地极时，握锤的手不准戴手套，扶接地极的人

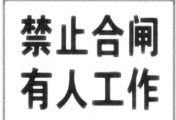

图 2-1　安全警示牌

应在侧面，应用工具将接地极卡紧、稳住。使用冲击钻、电钻或钎子打砼眼或仰面打眼时，应戴防护镜。

⑥ 用感应法干燥电箱或变压器时，其外壳应接地；使用手持电动工具时，机壳应接地良好，严禁将外壳接地线和工作零线拧在一起插入插座，必须使用二线带地、三线带地插座。

⑦ 配线时，必须选用合适的剥线钳口，不得损伤线芯。削线头时，刀口要向外，用力要均匀。

⑧ 电气设备所用保险丝的额定电流应与其负荷容量相适应，禁止以大代小或用其他金属丝代替保险丝。

⑨ 工作前必须做好充分准备，工作负责人应根据要求把安全措施及注意事项向全体人员进行布置，并明确分工，对于患有不适宜工作的疾病者、请长假复工者、缺乏经验的工人及有思想情绪的人员，不能分配其重要技术工作和登高作业。作业人员在工作前不许饮酒，工作中装备必须穿戴整齐，精神集中，不准擅离职守。

三、电工安全安装

① 施工现场所有电气设备的金属外壳及电线管必须与专用保护零线可靠连接，产生震动设备的保护零线的连接点应不少于两处，保护零线不得装设开关或熔断器；保护零线应单独敷设，不做他用，除在配电室或配电箱处做接地外，还应在线路中间处和终端处做重复接地，并应与保护零线相连接，其接地电阻不大于 10Ω；其中零线的截面应不小于工作零线的截面，同时，必须满足机械强度的要求，保护零线架空敷设的间距大于 12m 时，保护零线必须选择小于 $10mm^2$ 的绝缘铜线或小于 $16mm^2$ 的绝缘铝线，在与电气设备相连接的保护零线截面应不选用小于 $2.5mm^2$ 的绝缘多股铜芯线；保护零线的统一标志为绿/黄双色线，在任何情况下，不准用绿/黄线作负荷线。

② 在单相线路中的零线截面与相线相同，三相线路工作零线和保护零线截面不小于相线截面的 50%；其中在架空线路的挡距不得大于 35m，其线间距离不得小于 0.3m。架空线相序排列：面向负荷从左侧起为 L_1、N、L_2、L_3、PE（注：L_1、L_2、L_3 为相线，N 为工作零线，PE 为底线）；其中在一个架空线路挡距内，每一层架空线的接头数不得超过该层导线条数的 50%，且一条导线只允许有一个接头，线路在跨越铁路、公路、河流、电力线路挡距内不得有接头。

③ 架空线路宜采用砼杆或木杆，砼杆不得有露筋、环向裂纹和扭曲，木杆不得腐朽，其杆径应不小于 130mm，电杆埋设深度宜为杆长的 1/10+0.6m，但在松软土质处应适当加大埋设深度或采用卡盘等加固；在橡皮电缆架空敷设时，应沿墙壁或电杆高置，并用绝缘子固定，严禁使用金属裸线作绑线，固定点间距应保证橡皮电缆能承受自重所带来的负荷，橡皮电缆的最大弧垂距地不得小于 2.5m。

④ 配电箱、开关箱应装设在干燥、通风及常温的场所，箱体要防雨、防尘、加锁，门上要有"有电危险"标志，如图 2-2 所示。箱内分路开关要标明用途，固定

图 2-2　有电危险标志

式箱底离地高度应大于 1.3m，小于 1.5m，移动式箱底离地高度应大于 0.6m，小于 1.5m，箱内工作零线和保护零线应分别用接线端子分开敷设，箱内电器和线路安装必须整齐，并每月检修一次，金属后座及外壳必须做保护接零，箱内不得放置任何杂物；其中在总配电箱和开关箱中的两级漏电保护器选择的额定漏电动作电流和额定漏电动作时间应合理匹配，使之具有分级保护的功能，每台用电设备应有各自专用的开关箱，必须实行"一机一闸"制，安装漏电保护器。

⑤ 配电箱和开关箱中的导线进、出线口应在箱底面，严禁设在箱体的上面、侧面、后面或箱门外，进出线应加护套分路成束并做防水弯，导线束不得与箱体进、出口直接接触，移动式配电箱和开关箱进、出线必须采用橡皮绝缘电缆；每一台电动建筑机械或手移电动工具的开关箱内，必须装设隔离开关和过负荷、短路、漏电保护装置，其负荷线必须按其容量选用无接头的多股铜芯橡皮保护套软电缆或塑料护套软线，导线接头应牢固可靠，绝缘良好；其中照明变压器必须使用双绕组型，严禁使用自耦变压器，照明开关必须控制火线，使用行灯时，电源电压不超过 36V；安装设备电源线时，应先安装用电设备一端，再安装电源一端，拆除时反向进行。

四、电工安全维修

检修工具、仪器等要经常检查，保持绝缘处于良好的状态，不准使用不合格的检修工具和仪器。在完成电机和电器拆除检修后，其线头应及时用绝缘包布包扎好，高压电机和高压电器拆除后其线头必须短路接地。其中，在高、低压电气设备线路上工作时，必须停电进行，一般不准带电作业。

停电后的设备及线路在接地线前应用合格的验电器，按规定进行验电，确认无电后方可操作，携带式接电线应为柔软的裸铜线，其截面不小于 25mm²，不应有断股和断裂现象。

接拆地线应由两人进行，一人监护，另一人操作，应戴好绝缘手套，接地线时先接地线端后接导线端，拆地线时先拆导线端后拆地线端。

脚扣、踏板、安全带使用前应检查是否结实可靠，应根据电杆大小选用脚扣、踏板。上杆时跨步应合适，脚扣不应相撞，安全带松紧要合适、使用时要系牢，结扣应放在前侧的左右。

五、电工安全使用

众所周知，"电"也被人们称为"电老虎"，维修电工作为特殊工种，安全要求有其不同于其他工种的特殊性。在日常工作中应该做到安全操作，这点尤为重要。

1. 充分认识专业性质

在上岗操作之前，应全面、系统地学习电工专业特殊的岗位要求，提前把安全用电常识和电工基本操作安全常识背诵熟练，要分清高低压电路在操作时的不同要求，不仅仅只是学习有形的电线、电器、元件和线路布局及维修，还要掌握电流大小、电压高低对人体的损害程度及触电急救常识，做到心中有数；同时，还应注意加强心理素质，既不能盲目进行操作，又不能被"电老虎"所震慑，培养出"既要胆大，又要心细，无事谨慎，遇事不慌"的心理素质。

2. 正确使用作业工具

正确使用工具，是电工实现安全操作的首要条件和基本功。在操作不同设备时，不同的工具、仪器仪表有着不同的安全使用要求。这就要求在进行每个设备维护时，要先掌握相关工具和仪器仪表的正确使用方法和特殊的安全要求。每次作业前，及时进行例行的安全检查，绝不使用带病的工具及安全防护用品作业。例如，在登高作业时，要检查梯子（见图 2-3）、踏板等是否有裂痕或松动等疲劳现象，检查随身携带的工具在登高过程中或在高空作业时是否对人身和作业对象造成损伤等，必要时还需要有工友在旁边监护。这样虽然会耽误一定的时间，但对于提高生产效率和实现安全生产，往往能起到决定性的作用。绝不能图省事而投机取巧，要始终绷紧安全这根弦，把安全规程牢记在心，严格遵守安全操作规程。

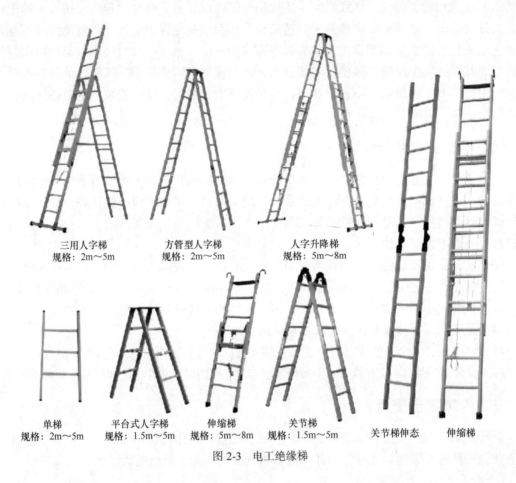

三用人字梯
规格：2m～5m

方管型人字梯
规格：2m～5m

人字升降梯
规格：5m～8m

单梯
规格：2m～5m

平台式人字梯
规格：1.5m～5m

伸缩梯
规格：5m～8m

关节梯
规格：1.5m～5m

关节梯伸态

伸缩梯

图 2-3　电工绝缘梯

3. 科学操作，反复检查

作为电工，正确配线是不可缺少的技能。在选择电线种类、线径及元件的规格型号时，要根据用电负载及场合要求，全面均衡，统筹考虑，既要符合安全规定，又不能造成浪费。这就要求相关人员根据相关设备，科学设计，认真计算。完成线路设计后，本着实用节约、方便快捷、美观大方的原则，精心布局配线。配线完成后，在不通电的情况下，用相关仪表对线路进行细致的检查，随后一定要安装保险或空气开关等保险措施。在确认完全无误后，方可通电试车。为了进一步预防意外事故的发生，试车时最好能够两人同时在场。

考 核 评 价

本项目的考核评价表见表2-1。

表 2-1 考核评价表

考核项目	考核内容	考核方式	比重
态度	1. 工作现场整理、整顿、清理不到位，每项扣5分 2. 通过发生短路故障扣5分；损坏实训设备扣5分 3. 操作期间不能做到安全、整洁，扣5分 4. 不遵守教学纪律，有迟到、玩手机、早退等违纪现象，每次扣5分 5. 进入操作现场，未按要求穿带装备，每项扣5分	学生自评 + 学生互评 + 教师评价	30%
技能	1. 在工作过程中，未能进行安全文明操作，每项扣3分 2. 未能正确使用电工工具进行电工作业，每项扣3分 3. 未能完成电气装置操作及使用电器具时没有注意内容资料查找，每项扣3分 4. 不能掌握"安全电工维修"知识的，每项扣分3分	教师评价 + 学生互评	40%
知识	教师对以下每项知识准备6道问题用于学生答辩，每答错一次扣5分 1. "电工安全操作"相关知识 2. "电工安全安装"相关知识 3. "电工安全维修"相关知识 学习结束后，不能及时清理、清洁学习场地，扣5分	教师评价	30%

项目三

触电的危害性与急救

项目描述

电能是国民经济产业的重要能源，是工农业生产的原动力。随着我国全面建设小康社会步伐的加快，电的使用范围越来越广泛。电日益影响着工业的自动化和社会的现代化。然而，当电失去控制时，就会引发各类电气事故，其中触电事故是各类电气事故中最常见的事故。

据统计资料表明，我国每年因触电而死亡的人数约占全国各类事故总死亡人数的10%，仅次于交通事故。随着电气化的发展，生活用电范围的日益扩大，发生人身触电事故的机会也相应增多。触电事故的发生具有很大的偶然性和突发性，令人猝不及防，如果延误急救时机，死亡率是很高的，但如果防范得当，仍可最大限度地减少事故的发生。即使在触电事故发生后，若能及时采取正确的救护措施，死亡率也可大大地降低。

通过本项目的操作训练与学习，学生可初步了解触电危害与预防知识，了解电流对人体的影响，以及造成人体触电的原因。一旦发生人员触电伤害时，能采取正确的触电急救方法对触电者进行施救，避免不必要的死亡事故发生。

 学习目标

（1）了解电流对人体的影响。

（2）了解造成人体触电的各种原因与触电的形式。

（3）能根据触电者不同的伤害程度，采取正确的触电急救方法对触电者进行施救。

（4）掌握脱离电源的方法。

（5）善于观测，做好学习笔记与学习总结，养成良好的学习习惯。

（6）具有团队协作精神，具有一定的组织协调能力。

项 目 学 习

1. 学习准备

（1）学生分组

以 3～5 人为一个学习小组，每组选出 1 位学习组长作为负责人，由组长负责与教师进行学习项目内容的沟通，并组织好本组成员共同完成本项目的练习与学习任务。在此项目学习中，团队成员间应相互协作，服从安排，在学习组长的协调安排下共同完成触电危害及急救操作项目的练习。

（2）资源准备

① 由组长安排组员进行触电危害及急救知识讨论，最后得出最终结果并进行认定与修改。

② 由教师为学习小组提供资源。对于电子资源，由组长存入 U 盘带回本组，对于纸质资料、书籍，应做好借用登记手续，以便归还。

2. 学习任务

组长根据学习任务，针对小组成员的学习能力与个人特点进行学习任务分配，共同完成以下内容的学习。学习完成后，做好学习记录，不断总结，以巩固所学的知识点。

（1）电流对人体的危害有哪些？

学习记录：

（2）人体触电的原因及触电形式有哪些？

学习记录：

（3） 脱离电源的方法有什么？

学习记录：

相 关 知 识

一、电流对人体的影响

因为人体是有一定电阻值的导电体，当人体触及带电体时，会有电流流过人体。电流对人体的影响见表 3-1。

表 3-1　　　　　　　　　　　电流对人体的影响

电流/mA	通电时间	人体的反应情况	
		交流电（工频 50Hz）	直流电
0 ~ 0.5	连续通电	无感觉	无感觉
0.5 ~ 5	连续通电	有麻刺感	无感觉
5 ~ 10	数分钟以内	痉挛、剧痛、但可摆脱电源	有针刺感、压迫感及灼热感
10 ~ 30	数分钟以内	迅速麻痹、呼吸困难、血压升高不能摆脱电源	压痛、刺痛、灼热感强烈，并伴有抽筋
30 ~ 50	数秒钟到数分钟	心跳不规则、昏迷、强烈痉挛、心脏开始颤动	感觉强烈疼痛，并伴有抽筋
50 ~ 数百	超过 3s	心室颤动、呼吸麻痹、心脏麻痹而停跳	剧痛、强烈痉挛、呼吸困难或麻痹

人体对 0.5mA 以下的工频电流一般是没有感觉的。实验资料表明，对不同的人，引起感觉的最小电流不同，成年男性的最小感觉电流平均约为 1.01mA，成年女性的最小感觉电流约为 0.7mA，这一数值称为感知电流，这时人体由于神经受刺激而感觉轻微刺痛。同样，不同的人触电后能自主摆脱电源的最大电流也不一样，成年男性平均为 16mA，成年女性为 10.5mA，这个数值称为摆脱电流。一般情况下，8mA 以下的工频电流、50mA 以下的直流电流可以视为人体允许的安全电流。但这些电流长时间通过对人体也是有危险性的。

由表 3-1 可见，0.5mA 是人体的最小感知电流；如果有 1mA 左右的电流流过人体，就会有麻痹和刺痛等不舒服的感觉；10 ~ 30mA 的电流流过人体，便会产生麻痹、剧痛、血压升高、呼吸困难等症状，但是人体还可以摆脱；如果电流达到 30mA 以上，人体已不能自主地摆脱带电体，但通常不致有生命危险；电流达到 50mA 以上，会引起心室（颤动而有生命危险；当流过人体的电流达到 100mA 以上时，则足以致人死亡）。

触电的伤害程度与通过人体电流的大小、流过的途径、持续的时间、电流的种类、交流电的频率及人体的健康状况等因素有关，其中通过人体电流的大小对触电者的伤害程度起决定性作用。通过人体的电流越大，持续的时间越长，人的生理反应和病理反应就越明显；所触及带电体电压越高，流过人体的电流也越大，对人体的危害越大；交流电比直流电的伤害大。

二、造成触电的原因

1. 缺乏安全用电知识

违反布线规程，在室内乱拉电线，在使用中不慎造成触电；使用已经老化或损坏的旧电线或旧开关造成触电；换熔丝时随意加大规格或任意用铜丝代替铅锡合金丝，失去保护作用，引起触电；未切断电源便去移动灯具，因电器漏电而造成触电；用水刷洗电线和电器，或用湿布擦拭，引起绝缘性降低而漏电，容易造成触电；使用"一线一地"安装电灯，造成触电事故。

2. 用电设备安装不合格

电灯安装的位置过低，碰撞打碎灯泡时，人手触及灯丝而引起触电。

电气设备的金属外壳没有良好的接地保护，一旦漏电，人触碰到设备就会发生触电。

3. 用电设备不合格

电气设备不合格，如闸刀开关或磁力启动器缺少护壳而造成触电；电气设备漏电；电炉的燃元件没有隐蔽；电气设备外壳没有接地而带电；配电盘设计和制造上的缺陷使配电盘前后带电部分易于触及人体；电线或电缆因绝缘磨损或腐蚀而损坏；带电拆装电缆等。

4. 维修不及时

开关、插座、灯头等日久失修，外壳破裂，电线脱皮，家用电器或电动机受潮，塑料老化漏电等，也容易引起触电。

5. 违反操作规程

电工操作制度不健全，带电操作，冒险修理或盲目修理，且未采取切实的安全措施，均会引起触电；停电检修时，刀开关上未挂警示牌，其他人员误合刀开关造成触电；使用不合格的安全工具进行操作，如用竹竿代替高压绝缘棒，用普通胶鞋代替绝缘鞋等，也容易造成触电。

三、触电的形式

按照人体触及带电体的方式和电流流过人体的途径，触电可分为单相触电、两相触电和跨步电压触电。

1. 单相触电

当人体直接触碰带电体设备电源其中一相时，电流通过人体流入大地，这种触电现象称为单相触电。对于高压带电体，人体虽未直接接触，但由于超过安全距离，高电压对人体放电，造成单相接地而引起的触电，也属于单相触电。

人体的某一部分接触带电体的同时，另一部分又与大地或中性线相接，电流从带电体流经人体到大地（或中性线）形成回路，如图3-1所示。

2. 两相触电

人体同时接触带电设备或线路中的两相导体，或在高压系统中人体同时接近不同相的两项带电导体而发生电弧放电，电流从一相导体通过人体流入另一相导体而构成一个闭合回路，这种触电方式称为两相触电。发生两相触电时，作用于人体上的电压等于线电压，这种触电是最危险的。两相触电如图3-2所示。

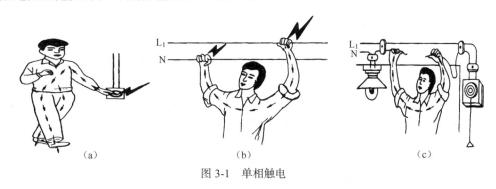

（a） （b） （c）

图 3-1 单相触电

3. 跨步电压触电

对于外壳接地的电气设备，当绝缘损坏而使外壳带电，或导线断落发生单相接地故障时，电流由设备外壳经接地线、接地体（或由断落导线经接地点）流入大地，向四周扩散。如果此时人站立在设备附近地面上，两脚之间也会承受一定的电压，称为跨步电压。跨步电压的大小与接地电流、土壤电阻率、设备接地电阻及人体位置有关。当接地电流较大时，跨步电压会超过允许值，发生人身触电事故。特别是在发生高压接地故障或雷击时，会产生很高的跨步电压，如图 3-3 所示。跨步电压触电也是危险性较大的一种触电方式。

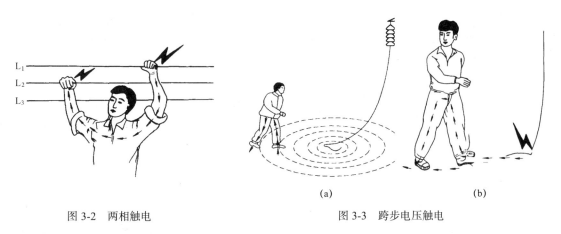

（a） （b）

图 3-2 两相触电 图 3-3 跨步电压触电

除了以上3种触电形式外，还有感应电压触电、剩余电荷触电等。

四、触电急救

当人体发生触电时，电流流过人体会造成很大的伤害，因此，当发生触电事故时，必须立即对触电者进行触电急救，首先要设法使触电者脱离电源，再根据触电者的身体情况采用胸外心脏按压法或人工呼吸法进行现场救治，同时与医疗部门联系，争取医务人员接替救治。在医务人员接替救治前，不应放弃现场抢救，更不能只根据没有呼吸或脉搏停跳擅自判定伤员死亡。

1. 脱离电源

人触电以后，可能由于痉挛或失去知觉等原因而紧抓带电体，不能自行摆脱电源，这时，使触电者尽快脱离电源是救活触电者的首要因素。

（1）低压触电事故使触电者脱离电源的方法。

① 触电地点附近有电源开关或插头，可立即断开开关或拔掉电源插头，切断电源。

② 电源开关远离触电地点，可用有绝缘柄的电工钳或干燥木柄的斧头分相切断电线，断开电源；或用干木板等绝缘物插入触电者身下，以隔断电流。

③ 电线搭落在触电者身上或被压在身下时，可用干燥的衣服、手套、绳索、木板、木棒等绝缘物作为工具，拉开触电者或挑开电线，使触电者脱离电源。

（2）高压触电事故使触电者脱离电源的方法。

① 立即通知有关部门停电。

② 戴上绝缘手套，穿上绝缘靴，用相应电压等级的绝缘工具断开开关。

③ 抛掷裸金属线使线路短路接地，迫使保护装置动作，断开电源。注意在抛掷金属线前，应将金属线的一端可靠接地，然后抛掷另一端。

（3）脱离电源的注意事项

① 救护人员不可以直接用手或其他金属及潮湿的物件作为救护工具，而必须采用绝缘工具且单手操作，以防止自身触电。

② 防止触电者脱离电源后可能造成的摔伤。

③ 如果触电事故发生在夜间，应当迅速解决临时照明问题，以利于抢救，并避免扩大事故。

2. 对伤者的救治

当触电者脱离电源后，应当根据触电者的具体情况，迅速地对症进行救护。现场应用的主要救护方法是人工呼吸法和胸外心脏按压法。

（1）对症进行救护

① 如果触电者伤势不重，神志清醒，但是有些心慌、四肢发麻、全身无力；或者触电者在触电的过程中曾经一度昏迷，但已经恢复清醒。在这种情况下，应当使触电者安静休息，不要走动，严密观察，并请医生前来诊治或送往医院。

② 如果触电者伤势比较严重，已经失去知觉，但仍有心跳和呼吸，这时应当使触电者舒适、安静地平躺，保持空气流通。同时揭开他的衣服，以利于呼吸，如果天气寒冷，要注意保温，并要立即请医生诊治或送往医院。

③ 如果触电者伤势严重，呼吸停止、心脏停止跳动或两者都已停止时，则应立即实行人工呼吸和胸外按压，并迅速请医生诊治或送往医院。应当注意，急救要尽快地进行，不能等候医生的到来，在送往医院的途中，也不能中止急救。

（2）口对口人工呼吸法

口对口人工呼吸法是在触电者呼吸停止后应用的急救方法，具体步骤如图3-4所示。

① 使触电者仰卧，迅速解开其衣领和腰带。

② 使触电者头偏向一侧，清除其口腔中的异物，使其呼吸畅通，必要时可用金属匙柄由口角伸入，使口张开。

③ 救护者站在触电者的一边，一只手捏紧触电者的鼻子，另一只手托在触电者颈后，使

触电者颈部上抬，头部后仰，然后深吸一口气，用口紧贴触电者口，大口吹气，接着放松触电者的鼻子，让气体从触电者肺部排出。每 5s 吹气一次，不断重复地进行，直到触电者苏醒为止。

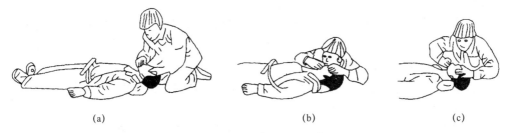

图 3-4　口对口人工呼吸法操作步骤

对儿童施行此法时，不必捏鼻。开口困难时，可以使其嘴唇紧闭，对准鼻孔吹气（即口对鼻人工呼吸），效果相似。

（3）胸外心脏按压法

此方法是触电者心脏跳动停止后采用的急救方法。具体操作步骤如图 3-5 所示。

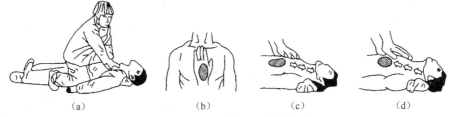

图 3-5　胸外心脏按压法操作步骤

① 使触电者仰卧在结实的平地或木板上，松开衣领和腰带，使其头部稍后仰（颈部可枕垫软物），抢救者跪跨在触电者腰部两侧，如图 3-5（a）所示。

② 抢救者将右手掌放在触电者胸骨处，中指指尖对准其颈部凹陷的下端，左手掌复压在右手背上（对儿童可用一只手），如图 3-5（b）所示。

③ 抢救者借助自身身体重量向下用力挤压，压下 3 ~ 4cm，突然松开，如图 3-5（c）和图 3-5（d）所示。挤压和放松动作要有节奏，每秒钟进行一次，每分钟宜挤压 60 次左右，不可中断，直至触电者苏醒为止。要求挤压定位要准确，用力要适当，防止用力过猛给触电者造成内伤和用力过小挤压无效。对儿童用力要适当小些。

④ 触电者呼吸和心跳都停止时，允许同时采用"口对口人工呼吸法"和"胸外心脏按压法"。单人救护时，可先吹气 2 ~ 3 次，再挤压 10 ~ 15 次，交替进行。双人救护时，每 5s 吹气一次，每秒钟挤压一次，两人同时进行操作。

抢救既要迅速又要有耐心，即使在送往医院途中也不能停止急救。此外不能给触电者打强心针、泼冷水或压木板等。

五、电气设备的安全距离

为防止人体触及或过分接近带电体造成触电事故；避免车辆或其他器具碰撞或过分接近带电体造成事故；防止火灾、过电压放电及各种短路事故，则人体与带电体之间、带电体与地面之间、带电体与其他设备和设施之间、带电体与带电体之间必须保持一定的距离，这个距离即称为安全距离，简称间距。

间距是将可能触及的带电体置于可能触及的范围之外，在间距的设计选择上，既要考虑安全要求，同时也要符合人机工效学的要求。

不同的电压等级、不同的设备类型、不同的安装方式和不同的周围环境所要求的安全距离也不同。

1. 用电设备距离

对于企业低压配电箱底部距地面的高度，暗装时可取 1.4m，明装时可取 1.2m。明装电能表底部距地面的高度可取 1.8m。

户内灯具高度应大于 2.5m，受实际条件限制不能达到时，可减为 2.2m，如低于 2.2m，应采取适当安全措施。当灯具位于桌面上方等人碰不到的位置时，高度可减为 1.5m。户外灯具高度一般应大于 3m，安装在墙上时可减为 2.5m。

2. 检修距离

为防止在检修工作中人体及其所携带的工具触及或接近带电体，必须保证足够的检修间距。

在低压操作时，人体及其携带的工具与带电体之间的距离不得小于 0.1m。

在高压操作时，各种作业类别所要求的最小距离见表 3-2。当表 3-2 要求的距离不能满足时，应装上临时遮拦或将线路停电。

表 3-2 　　　　　　　　　　　　　高压作业的最小距离

类别	电压等级	
	10kV	35kV
无遮拦作业，人体及其携带的工具与带电体之间	0.7	1.0
无遮拦作业，人体及其携带的工具与带电体之间，用绝缘杆操作	0.4	0.6
线路作业，人体及所携带的工具与带电体之间	1.0	2.5
带电水冲洗，小型喷嘴与带电体之间	0.4	0.6
喷灯或气焊火焰与带电体之间	1.5	3.0

考 核 评 价

本项目的考核评价表见表 3-3。

表 3-3 　　　　　　　　　　　　考核评价表

考核项目	考核内容	考核方式	比重
态度	1. 工作现场整理、整顿、清理不到位每项扣 5 分 2. 通过发生短路故障扣 5 分；损坏实训设备扣 5 分 3. 操作期间不能做到安全、整洁扣 5 分 4. 不遵守教学纪律，有迟到、玩手机、早退等违纪现象，每次扣 5 分 5. 进入操作现场，未按要求穿带装备，每项扣 5 分	学生自评 + 学生互评 + 教师评价	30%

考核项目	考核内容	考核方式	比重
技能	1. 在工作过程中，未能进行安全文明操作，每项扣 3 分 2. 未能正确掌握各种安全标识的识别和使用规定每项扣 3 分 3. 未能完成电气装置操作及使用电气工具时应该注意内容资料查找每项扣 3 分 4. 不能掌握现场触电急救方法和保证安全的技术措施、组织措施每项扣分 3 分	教师评价 + 学生互评	40%
知识	由教师对以下每项知识准备 2 道题用于学生答辩，每答错一次扣 5 分 1. "触电形式"相关知识 2. "触电急救"相关知识 3. "电气设备安全距离"相关知识 学习结束后，不能及时清理、清洁学习场地，扣 5 分	教师评价	30%

第二单元

电工基础技能实训

项目四

白炽灯照明电路的安装

 项目描述

白炽灯的发光原理是将灯丝通电加热到白炽状态，利用热辐射发出可见光。自 1879 年，美国发明家爱迪生制成了碳化纤维（即碳丝）白炽灯以来，经过人们对灯丝材料、灯丝结构、充填气体的不断改进，白炽灯的发光效率也相应提高。1959 年，美国在白炽灯的基础上制造了体积和衰光极小的卤钨灯。目前白炽灯的发展趋势主要是研制节能型灯泡。不同用途和要求的白炽灯，其结构和部件不尽相同。白炽灯的光效虽低，但光色和集光性能很好，是产量最大、应用最广泛的电光源。

通过本项目的学习，学生应掌握白炽灯照明线路的正确安装方法，培养自己的动手能力和分析能力，解决实际问题及理论联系实际的能力。

 学习目标

（1）熟练掌握低压验电器的使用方法。

（2）能正确使用验电工具。

（3）掌握螺钉旋具（改锥）的使用方法。

（4）掌握钢丝钳和尖嘴钳的使用方法。

（5）了解白炽灯的构造、工作原理。

（6）掌握白炽灯照明电路的安装方法。

（7）善于观察、做好学习笔记与学习总结，养成良好的学习习惯。

项 目 制 作

一、所需仪器仪表、工具与材料的领取与检查

1. 所需仪器仪表、工具与材料

灯泡、螺口平灯座、开关、五孔插座、单相电度表、单相二极插头、刀开关、熔体、熔断器、常用电工工具及连接导线等。

2. 仪器仪表、工具与材料的领取

领取灯泡、灯座、插头等器材后，将对应的参数填写到表4-1中。

表 4-1　　　　　　安装白炽灯照明电路所需仪器仪表、工具与材料

序号	名称	型号	数量	备注
1	灯泡			
2	螺口平灯座			
3	一位开关			
4	二位开关			
5	五孔插座（二、三极插座）			
6	单相电度表			
7	单相二极插头			
8	刀开关			
9	熔断器			
10	熔体			
11	双芯软护套线			
12	卡钉			
13	自攻螺钉			
14	电工板			
15	电工工具			

3. 检查领取的仪器仪表与工具

① 刀开关、灯泡、螺口平灯座、开关、五孔插座、单相二极插头、熔断器等是否正常，是否可使用。

② 单相电度表是否正常，连接导线等材料是否齐全、型号是否正确。

③ 工具数量是否齐全、型号是否正确，能否符合使用要求。

二、穿戴与使用绝缘防护用具

进入实训室或者工作现场，必须穿好工作服（长袖），戴好工作帽，长袖工作服不得卷袖。进入现场必须穿合格的工作鞋，任何人不得穿高跟鞋、网眼鞋、钉子鞋、凉鞋、拖鞋等进入工作现场。

- 确认工作者穿好工作服。
- 确认工作者紧扣上衣领口、袖口。

- 确认工作者穿上绝缘鞋。
- 确认工作者戴好工作帽。

三、现场管理及仪器仪表、工具与材料的归还

（1）制作完成后，应及时对工作场地进行卫生清洁，使物品摆放整齐有序，保持现场的整洁，做到工作现场管理标准化（6S）。

（2）仪器仪表、工具与材料使用完毕后，应归还至相应管理部门或单位。

① 归还灯泡、螺口平灯座、开关、五孔插座、单相电度表、单相二极插头、刀开关、熔体、熔断器、常用电工工具及连接导线等。

② 归还交流接触器以及相应材料。

相 关 知 识

1. 低压验电器的使用

低压验电器又称为电笔，是检测电气设备、电路是否带电的一种常用工具。普通低压验电器的电压测量范围为 60～500V，高于 500V 的电压则不能用普通低压验电器来测量。使用低压验电器时要注意下列几个问题。

① 使用低压验电器之前，首先要检查其内部有无安全电阻、是否有损坏，有无进水或受潮，并在带电体上检查其是否可以正常发光，检查合格后方可使用。其结构如图 4-1 所示。

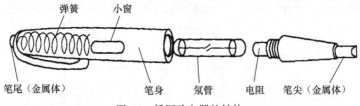

图 4-1 低压验电器的结构

② 测量时手指握住低压验电器笔身，食指触及笔身尾部金属体，低压验电器的小窗口应该朝向自己的眼睛，以便于观察，如图 4-2 所示。

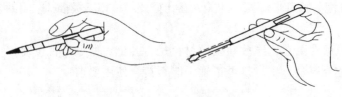

图 4-2 验电器的手持方法

③ 在较强的光线下或阳光下测试带电体时，应采取适当的避光措施，以防观察不到氖管是否发亮，造成误判。

④ 低压验电器可用来区分相线和零线，接触时氖管发亮的是相线（火线），不亮的是零线。它也可用来判断电压的高低，氖管越暗，则表明电压越低；氖管越亮，则表明电压越高。

⑤ 当用低压验电器触及电机、变压器等电气设备外壳时，如果氖管发亮，则说明该设

备相线有漏电现象。

⑥ 用低压验电器测量三相三线制电路时，如果两根很亮而另一根不亮，说明这一相有接地现象。在三相四线制电路中，发生单相接地现象时，用低压验电器测量中性线，氖管也会发亮。

⑦ 用低压验电器测量直流电路时，把低压验电器连接在直流电的正负极之间，氖管里两个电极只有一个发亮，氖管发亮的一端为直流电的正极。

⑧ 低压验电器笔尖与螺钉旋具形状相似，但其承受的扭矩很小，因此，应尽量避免用其安装或拆卸电气设备，以防受损。

2. 螺钉旋具的使用

螺钉旋具又被称为起子或改锥，主要用来紧固或拆卸螺钉。按头部形状的不同，常用螺钉旋具分为一字形和十字形两种，如图 4-3 所示。一字形螺钉旋具用来紧固或拆卸带一字槽的螺钉，其规格用柄部以外的长度来表示，一字形螺钉旋具常用的规格有 50mm、100mm、150mm 和 200mm 等，其中电工必备的是 50mm 和 150mm 两种。十字形螺钉旋具专供紧固或拆卸十字槽的螺钉，常用的规格有 4 个，Ⅰ 号适用于螺钉直径为 2 ~ 2.5mm，Ⅱ号为 3 ~ 5mm，Ⅲ 号为 6 ~ 8mm，Ⅳ 为 10 ~ 12mm。

（a）一字形　　　　　　　　　　（b）十字形

图 4-3　螺钉旋具

使用螺钉旋具时应该注意以下几个方面的问题。

（1）螺钉旋具的手柄应该保持干燥、清洁、无破损且绝缘完好。

（2）电工不可使用金属杆直通柄顶的螺钉旋具，在实际使用过程中，不应让螺钉旋具的金属杆部分触及带电体，也可以在其金属杆上套上绝缘塑料管，以免造成触电或短路事故。

（3）不能用锤子或其他工具敲击螺钉旋具的手柄，或将其当作凿子使用。

螺钉旋具的使用方法如图 4-4 所示。

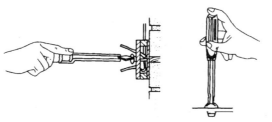

（a）大螺钉旋具的使用方法　　（b）小螺钉旋具的使用方法

图 4-4　螺钉旋具的使用方法

3. 钢丝钳和尖嘴钳的使用

（1）钢丝钳

钢丝钳主要用于剪切、绞弯、夹持金属导线，也可用于紧固螺母、切断钢丝。其结构和使用方法如图 4-5 所示。电工应该选用带绝缘手柄的钢丝钳，其绝缘性能为 500V。常用钢丝钳的规格有 150mm、175mm 和 200mm 三种。

使用钢丝钳时应该注意以下几个方面的问题。

① 在使用电工钢丝钳之前，首先应该检查绝缘手柄的绝缘是否完好，如果绝缘破损，进行带电作业时会发生触电事故。

② 用钢丝钳剪切带电导线时，既不能用刀口同时切断相线和零线，也不能同时切断两根相线，而且，两根导线的断点应保持一定距离，以免发生短路事故。

③ 不得把钢丝钳当作锤子敲打使用，也不能在剪切导线或金属丝时，用锤或其他工具敲击钳头部分。另外，钳轴要经常加油，以防生锈。

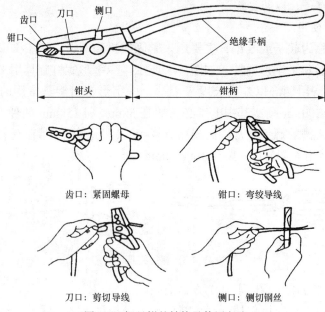

图 4-5　钢丝钳的结构及使用方法

（2）尖嘴钳

尖嘴钳的头部尖细，适用于在狭小的工作空间中操作。它主要用于夹持较小物件，也可用于弯绞导线，剪切较细导线和其他金属丝。电工使用的是带绝缘手柄的一种，其绝缘手柄的绝缘性能为 500V，其外形如图 4-6 所示。

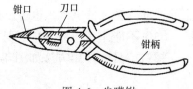

图 4-6　尖嘴钳

尖嘴钳按其全长分为 130mm、160mm、180mm、200mm 四种。

尖嘴钳在使用时的注意事项与钢丝钳一致。

技 能 训 练

白炽灯照明电路的安装

1. 白炽灯的结构

白炽灯结构简单，使用可靠，价格低廉，其相应的电路也简单，因而应用广泛，其主要缺点是发光效率较低，寿命较短。图 4-7 所示为白炽灯灯泡的外形。

白炽灯灯泡由灯丝、玻壳和灯头三部分组成。其灯丝一般都是由钨丝制成，玻壳由透明或不同颜色的玻璃制成。40W 以下的灯泡，将玻壳内抽成真空；40W 以上的灯泡，在玻壳内充有氩气或氮气等惰性气体，使钨丝不易挥发，以延长寿命。灯泡的灯头有卡口式和螺口式两种形式，功率超过 300W 的灯泡，一般采用螺口式灯头，因为螺口灯座比卡口式灯座接触和散热要好。

（a）卡口式　　（b）螺口式

图 4-7　白炽灯灯泡

2. 常用的灯座

常用的灯座有卡口式吊灯座、卡口式平灯座、螺口式吊灯座和螺口式平灯座等，外形结构如图 4-8 所示。

（a）卡口式吊灯座　（b）卡口式平灯座　（c）螺口式吊灯座　（d）螺口式平灯座

图 4-8　常用灯座示意图

3. 常用的开关

开关的品种很多，常用的开关有接线开关、顶装拉线开关，防水接线开关、平开关、暗装开关等，外形图如图 4-9 所示。

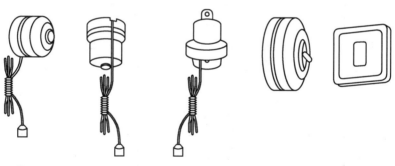

（a）接线开关　（b）顶装拉线开关　（c）防水接线开关　（d）平开关　（e）暗装开关

图 4-9　常用开关

4. 白炽灯照明电路原理图

单控白炽灯照明电路原理图如图 4-10 所示。

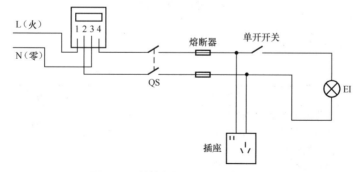

图 4-10　单控白炽灯照明电路原理图

双控白炽灯照明电路原理图如图 4-11 所示。

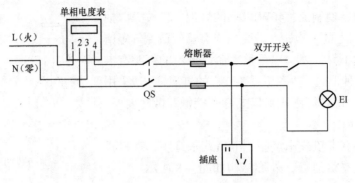

图 4-11　双控白炽灯照明电路原理图

5. 白炽灯照明电路的安装与接线

安装照明电路必须遵循的原则为：火线必须进开关；开关、灯具要串联；照明电路间要并联。具体内容见表 4-2。

表 4-2　　　　　　　　　　　　　白炽灯照明电路的安装与接线

名称及用途	接线图	备注
一个单联开关控制一个灯		开关装在相线上，接入灯头中心簧片上，零线接入灯头螺纹口接线柱
一个单联开关控制两个灯		超过两个灯按虚线延伸，但要注意开关允许容量
两个单联开关分别控制两盏灯		用于多个开关及多个灯，可延伸接线
两个双联开关在两地，控制一个灯		用于楼梯或走廊，两端都能开、关的场合。接线口诀："开关之间三条线，零线经过不许断，电源与灯各一边"

考 核 评 价

本项目的考核评价表见表 4-3。

表 4-3　　　　　　　　　　　　　考核评价表

考核项目	考核内容	考核方式	比重
态度	1. 工作现场整理、整顿、清理不到位，扣 5 分 2. 通电发生短路故障，扣 5 分；损坏实训设备，扣 5 分 3. 操作期间不能做到安全、整洁等，扣 5 分 4. 不遵守教学纪律，有迟到、早退、玩手机、打瞌睡等违纪现象，每次扣 5 分 5. 进入操作现场，未按要求穿戴装备，每次扣 5 分	学生自评 + 学生互评 + 教师评价	30%

续表

考核项目	考核内容	考核方式	比重
技能	1. 不会根据电源电压的高低正确选用验电工具，扣 2 分 2. 错误握持验电器，扣 2 分 3. 不会判断直流电源的正、负极，扣 2 分 4. 电压高低判断错误，扣 2 分 5. 直流电源极性判断错误，扣 2 分 6. 螺钉旋具使用方法错误，扣 5 分 7. 木螺钉旋入木板方向歪斜，扣 2 分 8. 电气元件安装歪斜或与木板间有缝隙，扣 2 分 9. 操作过程中损坏电气元件，扣 5 分 10. 安装圈过大或过小、不圆、开口过大，扣 5 分 11. 进行技能答辩，每答错一次扣 3 分 12. 不会撰写项目报告，扣 10 分	教师评价 ＋ 学生互评	40%
知识	1. 没有掌握低压验电器的使用方法，扣 5 分 2. 没有掌握钢丝钳和尖嘴钳的使用方法，每个扣 5 分 3. 没有掌握螺钉旋具的使用方法，扣 5 分 4. 进行知识答辩，每答错一次扣 3 分	教师评价	30%

项目五

日光灯照明电路的装配

 项目描述

日光灯一般指荧光灯。传统型荧光灯即低压汞灯，是利用低气压的汞蒸气在通电后释放紫外线，从而使荧光粉发出可见光的原理发光，因此它属于低气压弧光放电光源。1974年，荷兰飞利浦公司首先研制成功了能够发出人眼敏感的红、绿、蓝三色光的荧光粉。三基色（又称三原色）荧光粉的开发与应用是荧光灯发展史上的一个重要里程碑。无极荧光灯即无极灯，它取消了传统荧光灯的灯丝和电极，利用电磁耦合的原理，使汞原子从原始状态激发成激发态，其发光原理和传统荧光灯相似，有寿命长、光效高、显色性好等优点。

通过本项目的学习，学生应在掌握导线连接与绝缘层恢复的基础上，掌握日光灯照明线路的正确装配方法，培养自己的动手能力和分析能力，以及理论联系实际的能力。

 学习目标

（1）学会剥削导线绝缘层。

（2）能正确连接导线。

（3）能恢复导线绝缘层。

（4）掌握日光灯电路的组成、工作原理，了解各部件的作用。

（5）掌握日光灯照明电路的装配方法。

（6）善于观察、做好学习笔记与学习总结，养成良好的学习习惯。

项 目 制 作

一、所需仪器仪表、工具与材料的领取与检查

1. 所需仪器仪表、工具与材料

日光灯灯管、整流器、启辉器、五孔插座、单相电度表、刀开关、熔断器、熔体、常用电工工具及连接导线等。

2. 仪器仪表、工具与材料的领取

领取日光灯灯管、整流器、启辉器等器材后，将对应的参数填写到表 5-1 中。

表 5-1　　　　　　　　　日光灯照明电路装配所需的仪器仪表、工具与材料

序号	名称	型号	数量	备注
1	日光灯灯管			包括灯座
2	整流器			
3	启辉器			
4	一位开关			
5	二位开关			
6	五孔插座（二、三极插座）			
7	单相电度表			
8	单相二极插头			
9	刀开关			
10	熔断器			
11	熔体			
12	双芯软护套线			
13	卡钉			
14	自攻螺钉			
15	电工板			
16	电工工具			

3. 检查领取的仪器仪表与工具

① 钢丝钳、电工刀、剥线钳、刀开关、灯泡、螺口平灯座、开关、五孔插座、单相二极插头、熔断器等是否正常，是否可使用。

② 单相电度表是否正常，连接导线等材料是否齐全、型号是否正确。

③ 工具数量是否齐全、型号是否正确，能否符合使用要求。

二、穿戴与使用绝缘防护用具

进入实训室或者工作现场，必须穿好工作服（长袖），戴好工作帽，长袖工作服不得卷

袖。进入现场必须穿合格的工作鞋，任何人不得穿高跟鞋、网眼鞋、钉子鞋、凉鞋、拖鞋等进入工作现场。

- 确认工作者穿好工作服。
- 确认工作者紧扣上衣领口、袖口。
- 确认工作者穿上绝缘鞋。
- 确认工作者戴好工作帽。

三、现场管理及仪器仪表、工具与材料的归还

（1）制作完成后，应及时对工作场地进行卫生清洁，使物品摆放整齐有序，保持现场的整洁，做到工作现场管理标准化（6S）。

（2）仪器仪表、工具与材料使用完毕后，应归还至相应管理部门或单位。

归还日光灯灯管、整流器、起辉器、开关、五孔插座、单相电度表、单相二极插头、刀开关、熔断器、常用电工工具及连接导线等。

相 关 知 识

一、导线绝缘层的剖削

1. 常用导线绝缘层的剖削工具

（1）电工刀

电工刀主要用于剖削导线的绝缘外层、切割木台缺口和削制木桦等。其外形如图 5-1 所示。在使用电工刀进行剖削作业时，应将刀口朝外，剖削导线绝缘时，应使刀面与导线成较小的锐角，以防损伤导线。使用电工刀时应注意避免伤手。使用完毕后，应立即将刀身折进刀柄。电工刀刀柄是无绝缘保护的，所以绝不能在带电导线或电气设备上使用，以免触电。

（2）剥线钳

剥线钳是用于剥除较小直径导线、电缆的绝缘层的专用工具，它的手柄是绝缘的，绝缘性能为 500V。其外形如图 5-2 所示。

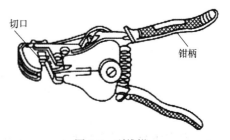
切口
钳柄

图 5-1　电工刀　　　　　　　　　　　图 5-2　剥线钳

剥线钳的使用方法十分简便，确定要剥削的导线绝缘层长度后，即可把导线放入相应的切口中（直径 0.5～3mm），用手将钳柄握紧，导线的绝缘层即被拉断后自动弹出。

2. 导线绝缘层的剖削

（1）对于截面积不大于 4mm² 的塑料硬线绝缘层的剖削，一般用钢丝钳进行，剖削的

方法和步骤如下。

① 根据所需线头长度用钢丝钳刀口切割绝缘层，注意用力要适度，不可损伤芯线。

② 接着用左手抓牢电线，右手握住钢丝钳头用力向外拉动，即可剖下塑料绝缘层，如图 5-3 所示。

③ 剖削完成后，应检查芯线是否完整无损，如损伤较大，应重新剖削。塑料软线绝缘层的剖削只能用剥线钳或钢丝钳进行，不可用电工刀，其操作方法与此方法相同。

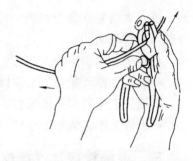

图 5-3　用钢丝钳剖削塑料硬线绝缘层

（2）对于芯线截面大于 4mm² 的塑料硬线，可用电工刀来剖削绝缘层。其方法和步骤如下。

① 根据所需线头长度用电工刀以约 45° 角倾斜切入塑料绝缘层，注意用力适度，避免损伤芯线，如图 5-4（b）所示。

② 然后使刀面与芯线保持 25° 角左右，用力向线端推削，在此过程中应避免电工刀切入芯线，只削去上面一层塑料绝缘，如图 5-4（c）所示。

③ 最后将塑料绝缘层向后翻起，用电工刀齐根切去，如图 5-4（d）所示。

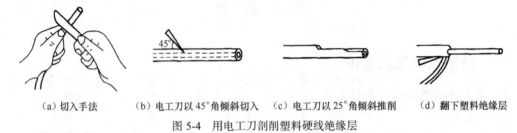

（a）切入手法　　（b）电工刀以 45° 角倾斜切入　（c）电工刀以 25° 角倾斜推削　（d）翻下塑料绝缘层

图 5-4　用电工刀剖削塑料硬线绝缘层

（3）塑料护套线绝缘层的剖削必须用电工刀来完成，剖削方法和步骤如下。

① 首先按所需长度用电工刀刀尖沿芯线中间缝隙划开护套层，如图 5-5（a）所示。

② 然后向后翻起护套层，用电工刀齐根切去，如图 5-5（b）所示。

③ 在距离护套层 5～10mm 处，用电工刀以 45° 角倾斜切入绝缘层。其他剖削方法与塑料硬线绝缘层的剖削方法相同。

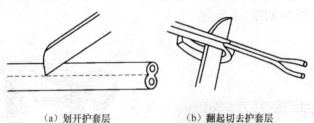

（a）划开护套层　　　　（b）翻起切去护套层

图 5-5　塑料护套线绝缘层的剖削

（4）橡皮线绝缘层的剖削方法和步骤如下。

① 先将橡皮线编织保护层用电工刀划开，其方法与剖削护套线的护套层方法相同。

② 然后用与剖削塑料线绝缘层相同的方法剖去橡皮层。

③ 最后剥离棉纱层至根部，并用电工刀切去。操作过程如图 5-6 所示。

（5）花线绝缘层的剖削方法和步骤如下。

① 首先根据所需剖削长度，用电工刀在导线外表织物保护层割切一圈，并将其剥离。

② 距织物保护层 10mm 处，用钢丝钳刀口切割橡皮绝缘层。注意不能损伤芯线，拉下橡皮绝缘层，方法与上述方法相同。

③ 最后将露出的棉纱层松散开，用电工刀割断，如图 5-7 所示。

（6）铅包线绝缘层的剖削方法和步骤如下。

① 先用电工刀围绕铅包层切割一圈，如图 5-8（a）所示。

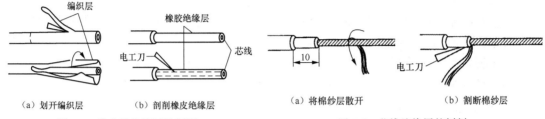

（a）划开编织层　　（b）剖削橡皮绝缘层

图 5-6　橡皮线绝缘层的剖削

（a）将棉纱层散开　　（b）割断棉纱层

图 5-7　花线绝缘层的剖削

② 接着用双手来回扳动切口处，使铅包层沿切口处折断，把铅包层拉出来，如图 5-8（b）所示。

③ 铅包线内部绝缘层的剖削方法与塑料硬线绝缘层的剖削方法相同，如图 5-8（c）所示。

（a）按所需长度剖削　　（b）折断并拉出铅包层　　（c）剖削内部绝缘层

图 5-8　铅包线绝缘层的剖削

二、铜线的连接方法

1. 单股铜线的直线连接

（1）首先把两线头的芯线做 X 形相交，互相紧密缠绕 2 ~ 3 圈，如图 5-9（a）所示。

（2）接着把两线头扳直，如图 5-9（b）所示。

（3）然后将每个线头围绕芯线紧密缠绕 6 圈，并用钢丝钳把余下的芯线切去，最后钳平芯线的末端，如图 5-9（c）所示。

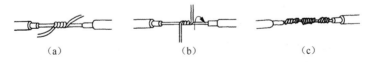

（a）　　　　　　（b）　　　　　　（c）

图 5-9　单股铜线的直线连接

2. 单股铜线的 T 字形连接

（1）如果导线直径较小，可按图 5-10（a）所示方法绕制成结状，然后再把支路芯线线头拉紧扳直，紧密地缠绕 6 ~ 8 圈后，剪去多余芯线，并钳平毛刺。

（2）如果导线直径较大，先将支路芯线的线头与干线芯线做十字相交，使支路芯线根部留出 3 ~ 5mm，然后缠绕支路芯线，缠绕 6 ~ 8 圈后，用钢丝钳切去余下的芯线，并钳平芯线末端，如图 5-10（b）所示。

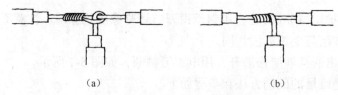

（a） （b）

图 5-10 单股铜线的 T 字形连接

3．7 芯铜线的直线连接

（1）先将剖去绝缘层的芯线头散开并拉直，然后把靠近绝缘层约 1/3 线段的芯线绞紧，接着把余下的 2/3 芯线分散成伞状，并将每根芯线拉直，如图 5-11（a）所示。

（2）把两个伞状芯线隔根对叉，并将两端芯线拉平，如图 5-11（b）所示。

（3）把其中一端的 7 股芯线按两根、三根分成三组，把第一组两根芯线扳起，垂直于芯线紧密缠绕，如图 5-11（c）所示。

（4）缠绕两圈后，把余下的芯线向右拉直，把第二组的两根芯线扳直，与第一组芯线的方向一致，压着前两根扳直的芯线紧密缠绕，如图 5-11（d）所示。

（5）缠绕两圈后，也将余下的芯线向右扳直，把第三组的三根芯线扳直，与前两组芯线的方向一致，压着前四根扳直的芯线紧密缠绕，如图 5-11（e）所示。

（6）缠绕三圈后，切去每组多余的芯线，钳平线端，如图 5-11（f）所示。

（7）除了芯线缠绕方向相反，另一侧的制作方法与图 5-11 所示相同。

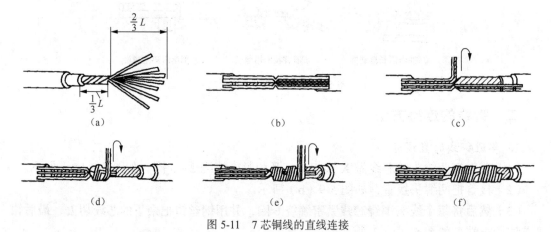

（a） （b） （c）

（d） （e） （f）

图 5-11 7 芯铜线的直线连接

4．7 芯铜线的 T 字形连接

（1）把分支芯线散开钳平，将距离绝缘层 1/8 处的芯线绞紧，再把支路线头 7/8 的芯线分成 4 根和 3 根两组，并排齐，然后用螺钉旋具把干线的芯线撬开分为两组，把支线中 4 根芯线的一组插入干线两组芯线之间，把支线中另外 3 根芯线放在干线芯线的前面，如图 5-12（a）所示。

（2）把 3 根芯线的一组在干线右边紧密缠绕 3～4 圈，钳平线端；再把 4 根芯线的一组按相反方向在干线左边紧密缠绕，如图 5-12（b）所示。缠绕 4～5 圈后，钳平线端，如图 5-12（c）所示。

7 芯铜线的直线连接方法同样适用于 19 芯铜导线，只是芯线太多可剪去中间的几根芯线。连接后，需要在连接处进行钎焊处理，这样可以改善导电性能和增加其力学强度。19 芯铜线的 T 字形分支连接方法与 7 芯铜线也基本相同，将支路导线的芯线分成 10 根和 9

根两组，而把其中 10 根芯线那组插入干线中进行绕制。

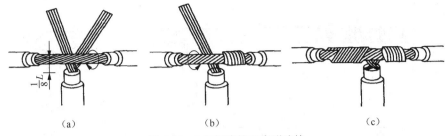

（a）　　　　　　　　（b）　　　　　　　　（c）

图 5-12　7 芯铜线的 T 字形连接

三、连接接头的绝缘恢复

1. 直线连接接头的绝缘恢复

（1）首先将黄蜡带从导线左侧完整的绝缘层上开始包缠，包缠两根带宽后再进入无绝缘层的接头部分，如图 5-13（a）所示。

（2）包缠时，应将黄蜡带与导线保持约 55° 的倾斜角，每圈叠压带宽的 1/2 左右，如图 5-13（b）所示。

（3）包缠一层黄蜡带后，把黑胶布接在黄蜡带的尾端，按另一斜叠方向再包缠一层黑胶布，每圈仍要压叠带宽的 1/2，如图 5-13（c）和（d）所示。

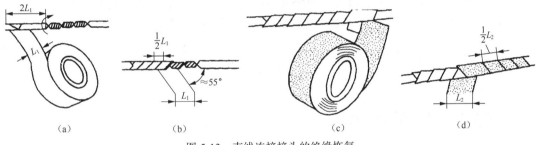

（a）　　　　　　　（b）　　　　　　　（c）　　　　　　　（d）

图 5-13　直线连接接头的绝缘恢复

2. T 字形连接接头的绝缘恢复

（1）首先将黄蜡带从接头左端开始包缠，每圈叠压带宽的 1/2 左右，如图 5-14（a）所示。

（2）缠绕至支线时，用左手拇指顶住左侧直角处的带面，使它紧贴于转角处芯线，而且要使处于接头顶部的带面尽量向右侧斜压，如图 5-14（b）所示。

（3）当围绕到右侧转角处时，用手指顶住右侧直角处带面，将带面在干线顶部向左侧斜压，使其与被压在下边的带面呈 X 状交叉，然后把带子再回绕到左侧转角处，如图 5-14（c）所示。

（4）使黄蜡带从接头交叉处开始在支线上向下包缠，并使带子向右侧倾斜，如图 5-14（d）所示。

（5）在支线上绕至绝缘层上约两个带宽时，黄蜡带折回向上包缠，并使带子向左侧倾斜，绕至接头交叉处，使黄蜡带围绕过干线顶部，然后开始在干线右侧芯线上进行包缠。如图 5-14（e）所示。

（6）包缠至干线右端的完好绝缘层后，再接上黑胶带，按上述方法包缠一层即可，如图 5-14（f）所示。

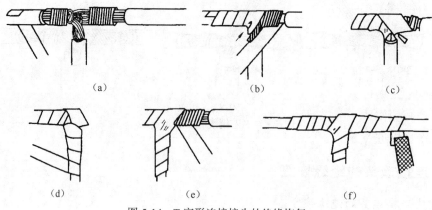

图 5-14　T 字形连接接头的绝缘恢复

3．注意事项

（1）在为工作电压为 380V 的导线恢复绝缘时，必须先包缠 1~2 层黄蜡带，然后再包缠一层黑胶带。

（2）在为工作电压为 220V 的导线恢复绝缘时，应先包缠一层黄蜡带，然后再包缠一层黑胶带，也可只包缠两层黑胶带。

（3）包缠绝缘带时，不能过疏，更不能露出芯线，以免造成触电或短路事故。

（4）绝缘带平时不可放在温度很高的地方，也不可浸染油类。

技 能 训 练

日光灯照明电路的装配

1．日光灯电路原理图

（1）日光灯管（见图 5-15）：是一个真空环境中充有一定数量氩气和少量水银的玻璃管，管的内壁涂有荧光材料，两个电极用钨丝绕成，上面涂有一层加热后能发射电子的物质。管内填充氩气既可帮助灯管点燃，又可延长灯管寿命。

图 5-15　日光灯管

（2）镇流器：又称限流器，是一个带有铁心的电感线圈，如图 5-16 所示。其作用如下。

① 在灯管启辉瞬间产生一个比电源电压高得多的自感电压帮助灯管启辉。

② 灯管工作时限制通过灯管的电流不致过大而烧毁灯丝。

（3）启辉器：它由一个启辉管（氖泡）和一个小容量的电容组成，如图 5-17 所示。氖泡内充有氖气，并装有两个电极，一个是固定的静触片，另一个是用膨胀系数不同的双金属片制成的"倒 U"型可动的动触片。启辉器在电路中起自动开关作用。电容是防止灯管启辉时对无线电接收机进行干扰。

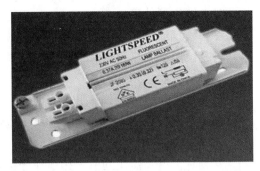

图 5-16　镇流器

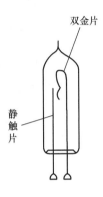

图 5-17　启辉器

2．日光灯电路的原理

当接通电源瞬间，由于启辉器没工作，电源电压都加在启辉器内氖泡的两电极之间，电极瞬间击穿，管内的气体导电，使"U"型的双金属片受热膨胀伸直而与固定电极接通。

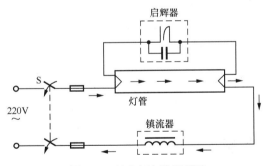

图 5-18　日光灯电路原理图

这时日光灯的灯丝通过电极与电源构成一个闭合回路，如图 5-18 所示。灯丝因有电流（称为启动电流或预热电流）通过而发热，从而使灯丝上的氧化物发射电子。同时，启辉器两端电极接通后电极间电压为零，启辉器停止放电。由于接触电阻小，双金属片冷却，当冷却到一定程度时，双金属片恢复到原来状态，与固定片分开。

在此瞬间，回路中的电流突然断电，于是镇流器两端产生一个比电源电压高得多的感应电压，连同电源电压一起加在灯管两端，使灯管内的惰性气体电离而产生弧光放电。随着管内温度的逐步升高，水银蒸气游离，并猛烈地碰撞惰性气体而放电。水银蒸气弧光放电时，辐射出紫外线，紫外线激励灯管内壁的荧光粉后发出可见光。

3．日光灯的一般故障

（1）灯管出现的故障

灯不亮而且灯管两端发黑。用万用表的电阻挡测量一下灯丝是否断开。

（2）镇流器故障

一种是镇流器线匝间短路，其电感减小，致使感抗 X_L 减小，使电流过大而烧毁灯丝；另一种是镇流器断路使电路不通，灯管不亮。

（3）启辉器故障

日光灯接通电源后，只见灯管两头发亮，而中间不亮，这是由于启辉器两电极碰黏在一起分不开或是启辉器内电容被击穿（短路），需更换新的启辉器。

4. 电路的安装

安装时，启辉器座的两个接线柱分别与两个灯座中的一个接线柱相连接；两个灯座中余下的接线柱，一个与中线相连，另一个与镇流器的一个线端相连；镇流器的一个线端与开关的一端相连；开关的另一端与电源的相线相连。其电路原理图如图 5-19 所示。

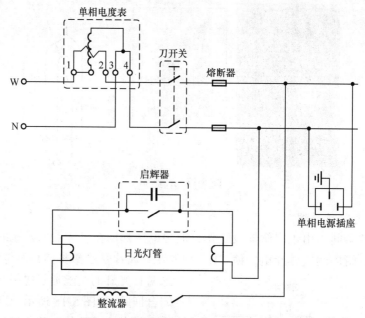

图 5-19　照明线路的安装、接线原理图

经检查安装牢固与接线无误后，"启动"交流电源，日光灯应能正常工作。若不正常，则应分析并排除故障使日光灯能正常工作。

考 核 评 价

本项目的考核评价表见表 5-2。

表 5-2　　　　　　　　　　　　　　考核评价表

考核项目	考核内容	考核方式	比重
态度	1. 工作现场整理、整顿、清理不到位，扣 5 分 2. 通电发生短路故障，扣 5 分；损坏实训设备，扣 5 分 3. 操作期间不能做到安全、整洁等，扣 5 分 4. 不遵守教学纪律，有迟到、早退、玩手机等违纪现象，每次扣 5 分 5. 进入操作现场，未按要求穿戴装备，每次扣 5 分	学生自评 ＋ 学生互评 ＋ 教师评价	30%

考核项目	考核内容	考核方式	比重
技能	1. 工具选用错误，扣2分 2. 操作方法错误，扣2分 3. 芯线有断丝、受损现象，扣2分 4. 包缠方法错误，扣2分 5. 有水渗入绝缘层，扣2分 6. 有水渗到导线上，扣2分 7. 进行技能答辩，每答错一次扣3分 8. 不会撰写项目报告，扣10分	教师评价 + 学生互评	40%
知识	1. 不熟悉日光灯的构造、工作原理，扣5分 2. 没有掌握常用剖削导线绝缘层的方法，扣5分 3. 没有掌握常用导线接头的制作方法，扣5分 4. 没有掌握导线绝缘层的恢复方法，扣5分 5. 没有掌握日光灯照明电路的安装方法，扣5分 6. 进行知识答辩，每答错一次扣3分	教师评价	30%

第三单元

电子技能基础实训

项目六

电子元件基本知识

 项目描述

电子元器件是组成电子电路的最基本单元，它是在电路中具有独立电气功能的基本单元。电子元器件在各类电子产品中占有重要地位，特别是一些通用电子元器件，如电阻器、电容器，更是电子产品中必不可少的基本元素。因此，熟悉、识别和掌握各类元器件的性能、特点和使用方法等，对理解掌握电子电路有着非常重要作用。20 世纪 60 年代集成电路的发展使电子元器件小型化跨入了新的时代，也使得电子工业的结构发生了深刻的改革。从目前来看，分立元件仍有很大的灵活性，元件参数范围广，精密度高，质量好，在今后相当长的一段时间里仍需继续发展。

通过本项目的学习，学生应了解电阻、电容、二极管、三极管等基本元件的相关知识，了解二极管的极性与特性，掌握常用电子元件的测试方法。在学习过程中，通过学与练的结合，为以后的学习、工作奠定坚实的基础。

 学习目标

（1）掌握常用电子元件的基本知识。

（2）会辨别二极管、电容及电阻的不同形状。

（3）会分辨元件的大小与极性。

（4）能正确读出电阻色环的示数。

（5）了解电位器的相关知识。

（6）能与团队协作学习，具有团队合作精神。

（7）能进行学习资料的收集、整理与总结，培养良好的学习习惯。

项 目 制 作

一、所需仪器仪表、工具与材料的领取与检查

1. 所需仪器仪表、工具与材料

电阻、电容、数码管、三极管、电路板常用电子焊接工具及连接导线等。

2. 仪器仪表、工具与材料的领取

领取电阻、电容等电子器件器材后，将对应的参数填写到表 6-1 中。

表 6-1　　　　　　八路数码抢答器电路安装与调试所需仪器仪表、工具与材料

序号	名称	型号	数量	备注
1	瓷片电容			
2	瓷片电容			
3	电解电容			
4	开关二极管			
5	0.5 寸共阴数码管			
6	5.08-2P 接线端子			
7	TO-92 三极管			
8	1/4W 电阻			
9	1/4W 电阻			
10	1/4W 电阻			
11	1/4W 电阻			
12	6×6×5 微动开关			
13	12mm 无源蜂鸣器			
14	集成电路			
15	集成电路			
16	16P IC 座			
17	8P IC 座			
18	PCB 板			

3. 检查领取的仪器仪表与工具

① 微动开关、数码管、PCB 板、蜂鸣器等是否正常，是否可使用。

② 万用表是否正常，连接导线等材料是否齐全、型号是否正确。

③ 工具数量是否齐全、型号是否正确、能否符合使用要求。

二、穿戴与使用绝缘防护用具

进入实训室或者工作现场，必须穿好工作服（长袖），戴好工作帽，长袖工作服不得卷袖。进入现场必须穿合格的工作鞋，任何人不得穿高跟鞋、网眼鞋、钉子鞋、凉鞋、拖鞋

等进入工作现场。

- 确认工作者穿好工作服。
- 确认工作者紧扣上衣领口、袖口。
- 确认工作者穿上绝缘鞋。
- 确认工作者戴好工作帽。

三、现场管理及仪器仪表、工具与材料的归还

（1）制作完成后，应及时对工作场地进行卫生清洁，使物品摆放整齐有序，保持现场的整洁，做到工作现场管理标准化（6S）。

（2）仪器仪表、工具与材料使用完毕后，应归还至相应管理部门或单位。

① 归还焊接好的电路板及常用电子工具等。

② 归还未使用完的焊锡丝以及相应材料。

相 关 知 识

一、电阻

1. 电阻的识别与测量

生活中常见的电阻如图 6-1 所示。

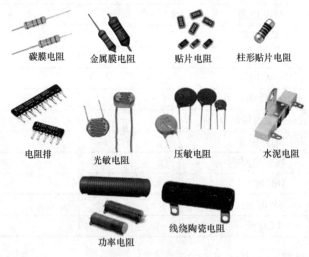

碳膜电阻　　金属膜电阻　　贴片电阻　　柱形贴片电阻

电阻排　　光敏电阻　　压敏电阻　　水泥电阻

功率电阻　　线绕陶瓷电阻

图 6-1　常见的电阻

测量电阻的阻值时，应将万用表的挡位开关旋到电阻挡，估读被测电阻的阻值，估计量程，然后将挡位开关旋钮打到合适的量程。测量不同阻值的电阻时要使用不同的挡位。为保证测量的精确度，应选择比估测值大一个量程的挡位，过大或过小都会影响读数，读数是指显示数字加量程挡位单位。要注意一定不要把人体电阻并联到被测电阻中。

2. 可调电阻的识别与测量

可调电阻的外形如图 6-2 所示。测量其阻值的方法与上述电阻测量的方法相同，只是在连接表笔时，一定要将一支笔接电位器中间引脚，另一支笔依次接另外两个引脚，测两次。

每次轻轻拧动电位器的黑色旋钮，可以调节电位器的阻值；用十字螺丝刀轻轻拧动可调电阻的橙色旋钮，也可调节可调电阻的阻值。使用万用表可观察到可调电阻值的线性变化。

3. 色环的识别

蓝电阻或绿电阻有 5 条色环（见图 6-3），其中有一条色环与别的色环间相距较远，且色环较粗，读数时应将其放在右边。

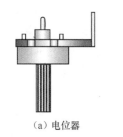 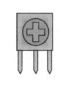

（a）电位器　　　　　　（b）可调电阻

图 6-2　可调电阻

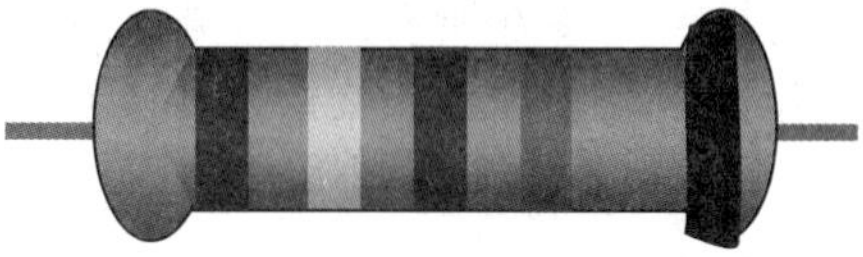

图 6-3　电阻的色环

每条色环表示的意义见表 6-2。左边第 1 个色环表示第 1 位数字，第 2 个色环表示第 2 位数字，第 3 个色环表示乘数，第 4 个色环也就是离开较远并且较粗的色环，表示误差。

表 6-2　　　　　　　　　　　　　　　　电阻的色环

颜色	Color	第 1 数字	第 2 数字	第 3 数字（4 环电阻无此环）	乘数	误差
黑	Black	0	0	0	10^0	
棕	Brown	1	1	1	10^1	±1%
红	Red	2	2	2	10^2	±2%
橙	Orange	3	3	3	10^3	
黄	Yellow	4	4	4	10^4	
绿	Green	5	5	5	10^5	±0.5%
蓝	Blue	6	6	6		±0.25%
紫	Purple	7	7	7		±0.1%
灰	Grey	8	8	8		
白	White	9	9	9		
金	Gold				10^{-1}	±5%
银	Silver				10^{-2}	±10%

将所取电阻对照表 6-2 进行读数。例如，某电阻第 1 个色环为绿色，表示 5，第 2 个色环为蓝色，表示 6，第 3 个色环为黑色，表示乘 10^0，第 4 个色环为红色，那么该电阻的阻值是 $56 \times 10^0 = 56\Omega$ 误差为 ±2%，对照材料配套清单电阻栏目可知 R19 = 56Ω。

请同学练习试读，对照材料配套清单，检查读出的阻值是否正确。

4. 注意事项

（1）从表 6-2 可知，金色和银色只能是乘数和允许误差，一定放在右边。

（2）表示允许误差的色环比别的色环稍宽，离别的色环稍远。

（3）本次实习使用的电阻大多数允许误差是 ±1%，用棕色色环表示，因此棕色一般都在最右边。

二、二极管

1. 二极管的概念

半导体二极管又称晶体二极管，简称二极管（早期还有真空电子二极管），它是一种具有单向传导电流特性的电子器件，即按照外加电压的方向，具备单向电流的转导性。一般来讲，晶体二极管是一个由 P 型半导体和 N 型半导体烧结形成的 P-N 结界面。在界面的两侧形成空间电荷层，构成自建电场。当外加电压等于零时，由于 P-N 结两边载流子的浓度差引起扩散电流和由自建电场引起的漂移电流相等而处于电平衡状态，这也是常态下的二极管特性。几乎在所有的电子电路中，都要用到半导体二极管，它在许多的电路中起着重要的作用，其应用也非常广泛。典型二极管如图 6-4 所示。

2. 二极管的特性

二极管最主要的特性是单向导电性，其伏安特性曲线如图 6-5 所示。

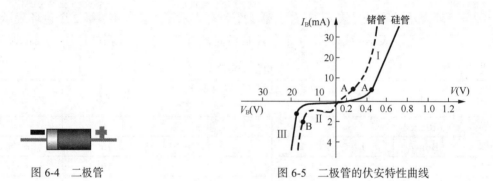

图 6-4　二极管　　　　　　　　图 6-5　二极管的伏安特性曲线

（1）正向特性

当加在二极管两端的正向电压（P 为正、N 为负）很小时（锗管 <0.1V，硅管 <0.5V），二极管不导通，处于截止状态。当正向电压超过一定数值后，二极管才导通，电压再稍微增大，电流急剧增大（见曲线 I 段）。不同材料的二极管，起始电压不同，硅管为 0.5～0.7V，锗管为 0.1～0.3V。

（2）反向特性

二极管两端加反向电压时，反向电流很小。当反向电压逐渐增加时，反向电流基本保持不变，这时的电流称为反向饱和电流（见曲线 II 段）。不同材料的二极管反向电流大小不同，硅管为 1 微安到几十微安，锗管则可高达数百微安。另外，反向电流受温度变化的影响很大，锗管的稳定性比硅管差。

（3）击穿特性

当反向电压增加到某一数值时，反向电流急剧增大，这种现象称为反向击穿（见曲线 III 段），这时的反向电压称为反向击穿电压。不同结构、工艺和材料制成的二极管，其反向击穿电压值差异很大，可由 1 伏到几百伏，甚至高达数千伏。

（4）频率特性

由于结电容的存在，当频率高到某一程度时，容抗小到使 P-N 结短路，导致二极管失去单向导电性不能工作。N 结面积越大，结电容也越大，越不能在高频情况下工作。

3. 二极管极性的判断

判断二极管极性时可用实训室提供的万用表，将红表笔插在"+"，黑表笔插在"－"，将二极管搭接在表笔两端（见图 6-6），观察万用表指针的偏转情况。如果指针偏向右边，显示阻值很小，表示二极管与黑表笔连接的为正极，与红表笔连接的为负极，与实物相对照，黑色的一头为正极，白色的一头为负极，也就是说阻值很小时，与黑表笔搭接的是二极管的正极。反之，如果显示阻值很大，那么与红表笔搭接的是二极管的负极。

用万用表判断二极管极性的原理如图 6-7 所示，由于电阻挡中的电池正极与黑表笔相连，这时黑表笔相当于电池的正极，红表笔与电池的负极相连，相当于电池的负极，因此当二极管正极与黑表笔连通，负极与红表笔连通时，二极管两端被加上了正向电压，二极管导通，显示阻值很小。

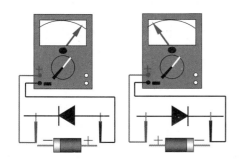
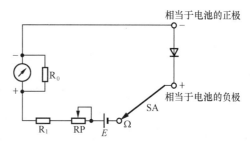

图 6-6　用万用表判断二极管的极性　　　　图 6-7　用万用表判断二极管极性的原理

三、三极管

三极管分为 PNP 型与 NPN 型两种，如图 6-8 所示。

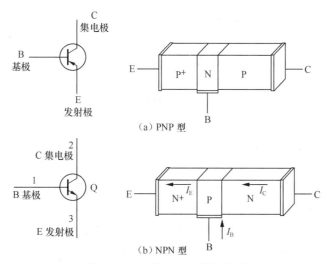

图 6-8　PNP 型与 NPN 型三极管

1. 三极管的正偏与反偏

给 P-N 结加的电压和 P-N 结的允许电流方向一致的叫正偏，否则就是反偏。即当 P 区（阳极）电位高于 N 区电位时就是正偏，反之就是反偏。例如，NPN 型三极管，位于放大区时，$U_C>U_B$ 集电极反偏，$U_B>U_E$ 发射极正偏。总之，当 P 型半导体一边接正极、N 型半导体一边接负极时，则为正偏，反之为反偏。

NPN 和 PNP 主要是电流方向和电压正负不同。

NPN 是用 B→E 的电流（I_B）控制 C→E 的电流（I_C），E 极电位最低，且正常放大时通常 C 极电位最高，即 $V_C>V_B>V_E$。

PNP 是用 E→B 的电流（I_B）控制 E→C 的电流（I_C），E 极电位最高，且正常放大时通常 C 极电位最低，即 $V_C<V_B<V_E$，如图 6-9 所示。

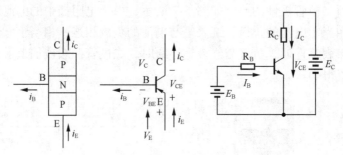

图 6-9　PNP 型三极管

2．三极管的 3 种工作状态

三极管的 3 种工作状态是放大、饱和、截止。下面分别进行介绍。

（1）放大区：发射极正偏，集电极反偏。对于 NPN 管来说，发射极正偏即基极电压 U_B>发射极电压 U_E，集电结反偏就是集电极电压 U_C>基极电压 U_B。放大条件为，NPN 管：$U_C>U_B>U_E$；PNP 管：$U_E>U_B>U_C$。

（2）饱和区：发射极正偏、集电极正偏。即饱和导通条件为 NPN 管：$U_B>U_E$，$U_B>U_C$；PNP 型管：$U_E>U_B$，$U_C>U_B$。饱和状态的特征是：三极管的电流 I_B、I_C 都很大，但管压降 U_{CE} 却很小（$U_{CE}≈0$）。这时三极管的 C、E 极相当于短路，可看成是一个开关的闭合。一般在估算小功率管的饱和压降时，对硅管可取 0.3V，对锗管取 0.1V。此时的 I_C 几乎仅决定于 I_B，而与 U_{CE} 无关，表现出 I_B 对 I_C 的控制作用。

（3）截止区：发射极反偏，集电极反偏。由于两个 P-N 结都反偏，使三极管的电流很小，$I_B≈0$，$I_C≈0$，而管压降 U_{CE} 却很大。这时的三极管 C、E 极相当于断路，可以看成是一个开关的断开。

3．三极管 3 种工作区的电压测量

如何判断电路中的一个 NPN 硅晶体管处于饱和、放大、截止状态呢？这需要用电压表测量基极与发射极间的电压 U_{BE}。

饱和状态正偏电压 U_{BE} 约 0.65V，U_{CE} 接近 0V。

放大状态正偏电压 U_{BE} 约 0.6V，U_{CE} 大于 0.6V，小于电源电压。

截止状态 U_{BE} 低于 0.6V，U_{CE} 等于或接近电源电压。

在实际工作中，可用测量三极管各极间电压的方法来判断它的工作状态。NPN 型硅管的典型数据是：饱和状态 U_{BE}=0.7V，U_{CE}=0.3V；放大区 U_{BE}=0.7V；截止区 U_{BE}=0V。这是对可靠截止而言，实际上当 U_{BE}<0.5V 时，即已进入截止状态。对于 PNP 管，其电压符号应当相反。

截止区：就是三极管在工作时，集电极电流始终为 0。此时，集电极与发射极间电压接近电源电压。对于 NPN 型硅三极管来说，当 U_{BE} 在 0～0.5V 之间时，I_B 很小，无论 I_B

怎样变化，I_C 都为 0。此时，三极管的内阻（R_{CE}）很大，三极管截止。当在维修过程中，测得 U_{BE} 低于 0.5V 或 U_{CE} 接近电源电压时，就可知道三极管处在截止状态。

放大区：当 U_{BE} 在 0.5~0.7V 之间时，U_{BE} 的微小变化就能引起 I_B 的较大变化，I_B 随 U_{BE} 基本呈线性变化，从而引起 I_C 的较大变化（$I_C=\beta I_B$）。这时三极管处于放大状态，集电极与发射极间电阻（R_{CE}）随 U_{BE} 可变。当在维修过程中，测得 U_{BE} 在 0.5~0.7V 之间时，就可知道三极管处在放大状态。

饱和区：当三极管的基极电流（I_B）达到某一值后，三极管的基极电流无论怎样变化，集电极电流都不再增大，一直处于最大值，这时三极管就处于饱和状态。三极管的饱和状态是以三极管集电极电流来表示的，但测量三极管的电流很不方便，可以通过测量三极管的电压 U_{BE} 及 U_{CE} 来判断三极管是否进入饱和状态。当 U_{BE} 略大于 0.7V 后，无论 U_{BE} 怎样变化，三极管的 I_C 将不能再增大。此时三极管内阻（R_{CE}）很小，U_{CE} 低于 0.1V，这种状态称为饱和。三极管在饱和时的 U_{CE} 称为饱和压降。当在维修过程中测量到 U_{BE} 在 0.7V 左右、而 U_{CE} 低于 0.1V 时，就可知道三极管处在饱和状态。

截止区：$U_B \leqslant U_{CE}$ 且 $U_{CE} > U_{BE}$。

放大区：$U_{BE} > U_{ON}$ 且 $U_{CE} \geqslant U_{BE}$，即 $U_C > U_B > U_E$。

饱和区：$U_{BE} > U_{ON}$ 且 $U_{CE} < U_{BE}$。

NPN 型三极管导通时（饱和状态）$U_{CE} \approx 0.3V$，PNP 型三极管饱和导通条件为 $V_E > V_B$，$V_C > V_B$，$U_{EC} \approx 0.3V$。NPN 型三极管截止时只需发射极反偏即可，PNP 型三极管与 NPN 型三极管截止条件相同。

4. 三极管用于开关电路的原理

两个 P-N 结都导通，三极管导通，这时三极管处于饱和状态，即开关电路的"开"状态，这时 $U_{CE} < U_{BE}$。两个 P-N 结均反偏，即为开关电路的"关"状态，三极管截止。

5. 三极管构成放大器的 3 种电路连接方式

① 共射极放大器，发射极为公共端，基极为输入端，集电极为输出端。

② 共集极放大器，集电极为公共端，基极为输入端，发射极为输出端。

③ 共基极放大器，基极为公共端，发射极为输入端，集电极为输出端。

6. PNP 管和 NPN 管的用法

① 如果输入一个高电平，而输出需要一个低电平时，首选择 NPN。

② 如果输入一个低电平，而输出需要一个低电平时，首选择 PNP。

③ 如果输入一个低电平，而输出需要一个高电平时，首选择 NPN。

④ 如果输入一个高电平，而输出需要一个高电平时，首选择 PNP。

NPN 基极加高电压，集电极与发射极短路（导通）；基极加低电压，集电极与发射极断路，也就是不工作。

PNP 基极加高电压，集电极与发射极断路，也就是不工作；基极加低电压，集电极与发射极短路（导通）。

四、电容

1. 电容的概念

电容（见图 6-10）是表征电容器容纳电荷本领的物理量，电容量也简称电容，它是最常用的、最基本的电子元件之一，在电路中用于调谐、滤波、耦合、旁路、能量转换和延时等。

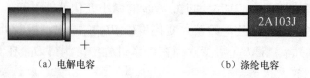

（a）电解电容　　　　　　　　　　（b）涤纶电容

图 6-10　电容

2．电容的分类

根据介质的不同，电容分为陶瓷、云母、纸质、薄膜、电解电容几种。

陶瓷电容：以高介电常数、低损耗的陶瓷材料为介质。它体积小、自体电感小。

云母电容：以云母片作为介质的电容器。它性能优良、高稳定、高精密。

纸质电容：纸质电容器的电极用铝箔或锡箔做成，绝缘介质是浸蜡的纸，相叠后卷成圆柱体，外包防潮物质，有时外壳采用密封的铁壳以提高防潮性。它价格低、容量大。

薄膜电容：用聚苯乙烯、聚四氟乙烯或涤纶等有机薄膜代替纸介质而做成的各种电容器。它体积小，但耗损大、不稳定。

电解电容：以铝、钽、铌、钛等金属氧化膜作为介质的电容器。它容量大、稳定性差（使用时应注意极性）。

3．电解电容极性的判断

在电解电容侧面有"−"的是负极，如果电解电容上没有标明正负极，也可以根据它引脚的长短来判断，长脚为正极，短脚为负极，如图 6-11 所示。

如果已经把引脚剪短，并且电容上没有标明正负极，那么可以用万用表来判断，判断的方法是正接时漏电流小（阻值大），反接时漏电流大（阻值小）。

（a）极性　　　　　　　（b）符号

图 6-11　电解电容极性的判断及符号

4．电容的测量

数字万用表具有测量电容的功能（如 UT-52 型），其量程分为 2000pF、20nF、200nF、2μF 和 20μF 五挡。测量时可将已放电电容的两引脚直接插入表板上的 Cx 插孔，选取适当的量程后便可读取显示数据。2000pF 挡宜于测量小于 2000pF 的电容；20nF 挡宜于测量 2000pF ~ 20nF 之间的电容；200nF 挡宜于测量 20nF ~ 200nF 之间的电容；2μF 挡宜于测量 200nF ~ 2μF 之间的电容；20μF 挡宜于测量 2μF ~ 20μF 之间的电容。经验证明，有些型号的数字万用表在测量 50pF 以下的小容量电容器时误差较大，测量 20pF 以下电容时几乎没有参考价值。此时可采用串联法测量小值电容。方法是：先找一只 220pF 左右的电容，用数字万用表测其实际容量 C_1，然后把待测小电容与之并联，测出其总容量 C_2，两者之差（C_1-C_2）即是待测小电容的容量。用此法测量 1 ~ 20pF 的小容量电容很准确。

五、电位器的概念、作用及主要参数

1．电位器

电位器是具有 3 个引出端，阻值可按某种变化规律调节的电阻元件。电位器通常由电阻体和可移动的电刷组成。当电刷沿电阻体移动时，在输出端即获得与位移量成一定关系的电阻值或电压。电位器既可作三端元件使用也可作二端元件使用。后者可视作可变电阻器。

2. 电位器的作用

（1）用作分压器

电位器是一个连续可调的电阻器，当调节电位器的转柄或滑柄时，动触点在电阻体上滑动。此时在电位器的输出端可获得与电位器外加电压和可动臂转角或行程成一定关系的输出电压。

（2）用作变阻器

电位器用作变阻器时，应把它接成两端器件，这样在电位器的行程范围内，便可获得一个连续平滑变化的电阻值。

（3）用作电流控制器

当电位器作为电流控制器使用时，其中一个选定的电流输出端必须是滑动触点引出端。

3. 电位器的分类

（1）电位器可按电阻体的材料分类，如线绕、合成碳膜、金属玻璃釉、有机实芯和导电塑料等类型，其导电性能主要决定于所用的材料。

① 线绕电位器是用合金电阻丝在绝缘骨架上绕制成电阻体，中间抽头的簧片在电阻丝上滑动。线绕电位器用途广泛，可制成普通型、精密型和微调电位器，且额定功率做得比较大，电阻的温度系数小、噪声低、耐压高。

② 合成碳膜电位器是在绝缘基体上涂敷一层合成碳膜，经加温聚合后形成碳膜片，再与其他零件组合而成。这类电位器的阻值变化连续、分辨率高、阻值范围宽、成本低。但对温度和湿度的适应性差，使用寿命短。

此外还有用金属箔、金属膜和金属氧化膜制成电阻体的电位器，具有特殊用途。

（2）电位器按使用特点区分，有通用、高精度、高分辨力、高阻、高温、高频、大功率等电位器。多圈电位器属于精密电位器，它分为带指针、不带指针等形式，调整圈数有5圈、10圈等数种。该电位器除具有线绕电位器的相同特点外，还具有线性优良，能进行精细调整等优点，可广泛应用于对电阻实行精密调整的场合。

电位器按阻值调节方式分则可分为可调型、半可调型和微调型，后二者又称半固定电位器。

为克服电刷在电阻体上移动接触对电位器性能和寿命带来的不利影响，还有无触点非接触式电位器，如光敏和磁敏电位器等，供少量特殊应用。

4. 电位器的主要参数

电位器的参数很多，如标称阻值、额定功率、阻值变化规律、滑动噪声、零位电阻、接触电阻、湿度系数、绝缘电阻、耐磨寿命、最大工作电压、精度等级等。下面主要介绍经常用到的几个参数。

（1）标称阻值。标注在电位器上的阻值叫作标称阻值。其值等于电位器两固定引出线之间的阻值，电位器的阻值系列采用E12、E6，而且分线绕和非线绕两种。电位器的允许偏差对于线绕电位器有±10%、±5%、±2%、±1%；对于非线绕电位器有±20%、±10%、±5%。

（2）额定功率。额定功率是指在一定的大气压及规定湿度下，电位器能连续正常工作时所消耗的最大允许功率。电位器的额定功率也是按照标称系列进行标注的，而且线绕与非线绕有所不同。例如，线绕电位器有0.25W、0.5W、1W、1.6W、2W、3W、5W、10W、

16W、25W、40W、63W、100W；而非线绕电位器有 0W、0.05W、0.1W、0.25W、0.5W、1W、2W、3W。

（3）滑动噪声。在外加电压的作用下，电位器的动触点在电阻体上滑动时，产生的电噪声称为电位器的滑动噪声。电位器的滑动噪声是选择电位器的一个主要参数，因为它对电子设备影响较大，有时将使电子设备工作失常，如收音机、电视机等。

（4）额定工作电压。额定工作电压又称最大工作电压，是指电位器在规定的条件下，能长期可靠地允许承受的最高电压。在使用时工作电压一般要小于额定电压，以保证电位器的正常使用。

（5）阻值变化规律。阻值变化规律是指电位器的阻值随转轴的旋转角度而变化的关系。变化规律有 3 种不同的形式，即直线式、指数式、对数式，分别用字母 X、Z、D 表示。

① 直线式电位器的阻值是随转轴的旋转做匀速变化的，并与旋转角度成正比，就是说阻值随旋转角度的增大而增大。这种电位器适用于分压、偏流的调整。

② 对数式电位器的阻值是随转轴的旋转做对数关系的变化，也就是阻值的变化开始较大，而后变化逐渐减慢。这种电位器适用于音调控制和黑白电视机的黑白对比度的调整。

③ 指数式电位器的阻值是随旋转轴的旋转做指数规律变化，阻值的变化开始比较缓慢，以后随转角的加大阻值变化逐渐加快。这种电位器适用于音量控制。

技 能 训 练

1. 八路数码抢答器的作用

八路数码抢答器电路包括抢答、编码、优先、锁存、数显、复位及抢答键。抢答器数字优先编码电路由 $VD_1 \sim VD_{12}$ 组成，实现数字的编码。CD4511 是一块含 BCD-7 段锁存/译码/驱动电路于一体的集成电路。抢答器报警电路由 NE555 接成音多谐振荡器构成。抢答器数码显示电路由数码管组成，输入的 BCD 码自动地由 CD4511 内部电路译码成十进制数在数码管上显示。

2. 八路数码抢答器的主要功能

八路数码抢答器的主要功能有如下 3 点。

（1）可同时供 8 名选手参加比赛，其相应的编号分别是 1、2、3、4、5、6、7、8，各用一个抢答按钮，按钮的编号与选手的编号相对应。

（2）给主持人设置一个控制开关，用来控制系统的清零（编号显示数码管灭灯）和抢答的开始。

（3）抢答器具有数据锁存和显示的功能。抢答开始后，若有选手按动抢答按钮，编号立即锁存，并在 LED 数码管上显示出选手的编号。

3. 八路数码抢答器的工作过程

（1）开始上电之后，主持人按复位键，抢答开始。如有选手按下抢答键，报警电路会发出响声，并且数码显示电路上会显示成功抢答的选手的编号。

（2）当有选手抢答成功之后，系统就进行了优先锁存，其他抢答选手抢答无效。

（3）如果主持人未按下复位键，而有人按了抢答按键，此次抢答无效，只有当主持人按下了复位键，选手才能进行顺利抢答。

4. 八路数码抢答器电路设计

八路数码抢答器主要由数字编码电路、译码\优先\锁存驱动电路、数码显示电路和报警电路组成，如图 6-12 所示。现简单介绍八路数码抢答器设计中的各单元电路的设计的情况。

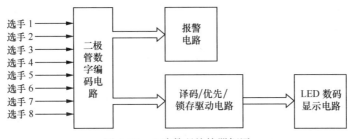

图 6-12　八路数码抢答器框图

如图 6-13 所示，$S_1 \sim S_8$ 组成 1～8 路的抢答器，$VD_1 \sim VD_{12}$ 组成数字编码器。该电路完成的功能是：通过编码二极管编成 BCD 码，将高电平加到 CD4511 所对应的输入端。从 CD4511 的引脚可以看出，引脚 6，2，1，7 分别为 BCD 码的 D、C、B、A 位（D 为高位，A 为低位，即 D、C、B、A 分别代表 BCD 码 8、4、2、1 位）。

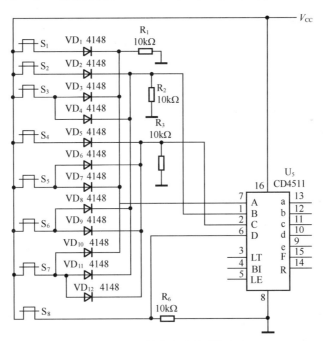

图 6-13　二极管数字编码系统电路

工作过程：当电路上电，主持人按下复位键，CD4511 输入 BCD 码为"0000"，选手就可以开始抢答。当选手 1 按下 S_1 抢答键，高电平通过编码二极管 VD_1 加到 CD4511 集成芯片的 7 脚（A 位），7 脚为高电平，1、2、6 脚保持低电平，此时 CD4511 输入 BCD 码为"0001"；当选手 2 按下 S_2 抢答键，高电平通过编码二极管 VD_2 加到 CD4511 集成芯片的 1 脚（B 位），1 脚为高电平，2、6、7 脚保持低电平，此时 CD4511 输入 BCD 码为"0010"；以此类推，当选手 8 按下 S_8 抢答键，高电平加到 CD4511 集成芯片的 6 脚（D 位），6 脚为高电平，1、2、7 脚保持低电平，此时 CD4511 输入 BCD 码为"1000"。输入的 BCD 码就是键的号码，并自动地由 CD4511 内部电路译码成十进制数在数码管上显示。数字编码电路功能真值表见表 6-3。

表 6-3　　　　　　　　　　　　　　数字编码电路功能真值表

输　入								输　出			
S_1	S_2	S_3	S_4	S_5	S_6	S_7	S_8	D	C	B	A
1	0	0	0	0	0	0	0	0	0	0	1
0	**1**	0	0	0	0	0	0	0	0	1	0
0	0	**1**	0	0	0	0	0	0	0	1	1
0	0	0	**1**	0	0	0	0	0	1	0	0
0	0	0	0	**1**	0	0	0	0	1	0	1
0	0	0	0	0	**1**	0	0	0	1	1	0
0	0	0	0	0	0	**1**	0	0	1	1	1
0	0	0	0	0	0	0	**1**	1	0	0	0

输出逻辑函数：

$$A = S_1 + S_3 + S_5 + S_7$$
$$B = S_2 + S_3 + S_6 + S_7$$
$$C = S_4 + S_5 + S_6 + S_7$$
$$D = S_8$$

5. 抢答器设计中的译码/优先/锁存电路

CD4511 是一个用于驱动共阴极 LED（数码管）显示器的 BCD 码—七段码译码器。其特点：具有消隐和锁存控制、BCD 码—七段译码及驱动功能的 CMOS 电路，能提供较大的电流，可直接驱动 LED 显示器。

（1）CD4511 的引脚图

CD4511 的引脚图如图 6-14 所示，CD4511 的逻辑符号如图 6-15 所示。

图 6-14　CD4511 引脚图

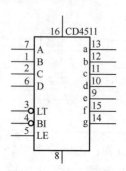

图 6-15　CD4511 逻辑符号

其功能如下所述。

① A、B、C、D：8421BCD 码输入端，高电平有效。

② a、b、c、d、e、f、g：译码输出端，输出为高电平 1 有效，可驱动共阴 LED 数

码管。

③ $\overline{LT}$（3 脚）：测试输入端。该端拥有最高级别权限，与其余所有输入端状态无关，只要 $\overline{LT}$=0 时，译码输出全为 1，不管输入 DCBA 状态如何，七段均发亮，显示"8"。这一功能主要用于测试，因此正常使用中应接高电平。

④ $\overline{BI}$（4 脚）：消隐输入控制端。当 $\overline{LT}$=1，$\overline{BI}$=0 时，不管其他输入端状态如何，七段数码管均处于熄灭（消隐）状态，不显示任何数字。

⑤ LE（5 脚）：锁定控制端。当 $\overline{LT}$=1，$\overline{BI}$=1 时，若该端 LE=1，则加在 A、B、C、D 端的外部编码信息不再进入译码，所以 CD4511 的输出状态保持不变；当 LE=0 时，则 A、B、C、D 端的 BCD 码一经改变，译码器就立即输出新的译码值。

⑥ 还有两个引脚 8、16 分别表示的是 VDD、VSS。

另外 CD4511 有拒绝伪码的特点，当输入数据越过十进制数 9(1001)时，显示字形也自行消隐。同时，CD4511 显示数"6"时，a 段消隐；显示数"9"时，d 段消隐，所以显示6、9 这两个数时，字形不太美观。

（2）译码驱动功能

二极管编码器实现了对开关信号的编码，并以 BCD 码的形式输出，为了将输出的 BCD 码能够显示对应十进制数，需要用译码显示电路，选择常用的七段译码显示驱动器 CD4511 作为译码电路。CD4511 真值表如表 6-4 所示。

（3）锁存优先功能

由于抢答器都是多路，须满足多位抢答者抢答要求，这就要求有一个先后判定的锁存优先电路，锁存住第一个抢答信号，显示相应数码并拒绝后面抢答信号的输入干扰。

表 6-4　　　　　　　　　　　　　　CD4511 真值表

输入							输出							
LE	/BI	/LT	D	C	B	A	a	b	c	d	e	f	g	显示
X	X	0	X	X	X	X	1	1	1	1	1	1	1	8
X	0	1	X	X	X	X	0	0	0	0	0	0	0	消隐
0	1	1	0	0	0	0	1	1	1	1	1	1	0	0
0	1	1	0	0	0	1	0	1	1	0	0	0	0	1
0	1	1	0	0	1	0	1	1	0	1	1	0	1	2
0	1	1	0	0	1	1	1	1	1	1	0	0	1	3
0	1	1	0	1	0	0	0	1	1	0	0	1	1	4
0	1	1	0	1	0	1	1	0	1	1	0	1	1	5
0	1	1	0	1	1	0	0	0	1	1	1	1	1	6
0	1	1	0	1	1	1	1	1	1	0	0	0	0	7
0	1	1	1	0	0	0	1	1	1	1	1	1	1	8
0	1	1	1	0	0	1	1	1	1	0	0	1	1	9
0	1	1	1	0	1	0	0	0	0	0	0	0	0	消隐
~														
0	1	1	1	1	1	1	0	0	0	0	0	0	0	消隐
1	1	1	X	X	X	X	锁存第一个输入的信号							锁存

CD4511 内部电路与 VT_1，R_7，R_8，VD_{13}，VD_{14} 组成的控制电路（见图 6-16 和图 6-17）可完成这一功能。

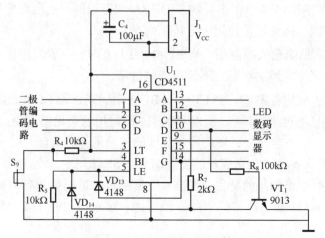

图 6-16　锁存优先功能电路图

a	b	c	d	e	f	g	
1	1	1	1	1	1	0	0
0	1	1	0	0	0	0	1　b/d
1	1	0	1	1	0	1	2
1	1	1	1	0	0	1	3
0	1	1	0	0	1	1	4　g
1	0	1	1	0	1	1	5
0	0	1	1	1	1	1	6
1	1	1	0	0	0	0	7　b/d
1	1	1	1	1	1	1	8　g

第一种情况：g 亮，或第二种情况：b 亮 d（e、f）不亮	第一种情况：g 亮，或第二种情况：c 亮 d（e、f）不亮

图 6-17　CD4511 真值表

当抢答键都未按下时，因为 CD4511 的 BCD 码输入端都有接地电阻（10kΩ），所以 BCD 码的输入端为 "0000"，则 CD4511 的输出端 a、b、c、d、e、f 均为高电平，g 为低电平。

通过对 0～8 这 9 个数字的分析（见图 6-17）可以得出如下结论。

① 只当数字为 0 时，才出现 d 为高电平，而 g 为低度电平，因此选择 g 作为锁存信号，经 VD_{13} 加到 CD4511 的 LE 端，这时 VT_1 导通，VD_{13}、VD_{14} 的阳极均为低电平，使 LE 为低电平 "0"，这种状态下，CD4511 没有锁存而允许 BCD 码输入。在抢答准备阶段，主持人会按复位键，数显为 "0" 态。

② 正是这种情况下，抢答开始，当 S_1～S_8 任一键按下时，CD4511 的输出端根据按下抢答按键的不同 a～g 输出不同的高低电平，通过 g 经 VD_{13} 反馈 LE 端可以实现对 2、3、4、5、6、8 的锁存，但是 1 和 7 由于此时 g 为低电平，无法锁存，因此在选取 b 或 c 作为第二锁存信号。

③ 在利用 b 或 c 作为第二锁存信号后，显示 0 是也将锁存，这是不允许的。经过对图 6-17 的分析，选取显示 1、7 为低电平，而显示 0 为高电平的 d 或 e、f 作为第二锁存信号的控制信号，b 接 VT_1 的集电极，d 接 VT_1 的基极。当显示 1、7 时，b 为高电平，d 为低电平，VT_1 截止，d 经 VD_{14} 送 LE 锁存；当显示 0 时 b、d 均为高电平，VT_1 饱和导通，VD_{14} 的阳极为低电平，无法锁存。

6. 抢答器设计中的数码显示电路

图 6-18 所示为 LED 数码显示电路，图 6-19 所示为 CED 数码显示管的结构及工作原理图，共阴极数码管显示字段码见表 6-5。使用时，共阴极接地，7 个阳极 a~g 由相应的 BCD 七段译码器来驱动。数码管接 0.5 寸（1 寸 ≈ 33mm）共阴数码管。

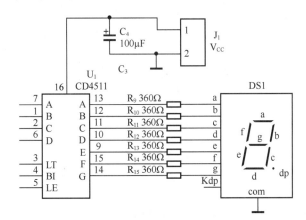

图 6-18　LED 数码显示电路

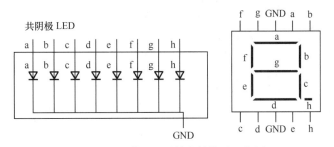

图 6-19　LED 数码显示管的结构及工作原理

表 6-5　　　　　　　　　　　　共阴极数码管显示字段码

显示字符	a	b	c	d	e	f	g
0	1	1	1	1	1	1	0
1	0	1	1	1	0	0	0
2	1	1	0	1	1	0	1
3	1	1	1	1	0	0	1
4	0	1	1	0	0	1	1
5	1	0	1	1	0	1	1
6	1	0	1	1	1	1	1
7	1	1	1	0	0	0	0
8	1	1	1	1	1	1	1
9	1	1	1	1	0	1	1

7. 抢答器设计中的报警电路

如图 6-20 所示，抢答器报警电路由 NE555 接成多谐振荡器，扬声器通过 C_3 在 NE555 IC 的 3 脚与地之间。R_{16} 没有直接和电源相接，而是通过四只 1N4148 组成二极管或门电路接 CD4511 的 1、2、6、7 脚，即输入 BCD 码，任何抢答按键按下，报警电路都能振荡发出响声。

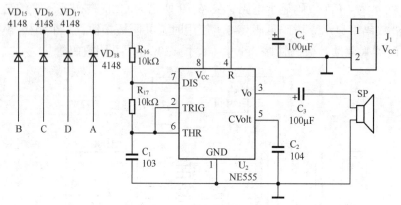

图 6-20　抢答器报警电路

555 构成的多谐振荡器的工作原理如图 6-21 所示。

（1）接通电源 V_{CC} 后，$u_C = 0V$，此时，$U_{TH} < \frac{2}{3}V_{CC}$，$U_{TR} < \frac{1}{3}V_{CC}$，555 内基本 RS 触发器被置 1，输出 u_o 为高电平 U_{OH}，电路处于第一暂稳态，V_{CC} 经电阻 R_1 和 R_2 对电容 C 充电，其电压 u_C 由 0 按指数律变化。

（2）当 $u_C \geqslant \frac{2}{3}V_{CC}$ 时，$U_{TH} \geqslant \frac{2}{3}V_{CC}$，$U_{TR} > \frac{1}{3}V_{CC}$，555 内基本 RS 触发器被置 0，输出 u_o 跃到低电平 U_{OL}，电路进入第二暂稳态，于此同时，放电管 V 导通，电容 C 经电阻 R_2 和 V 放电。

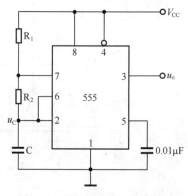

图 6-21　555 定时器工作原理图

（3）随着电容 C 的放电，u_C 随之下降。当 $u_C \leqslant \frac{1}{3}V_{CC}$ 时，则 $U_{TH} < \frac{2}{3}V_{CC}$，$U_{TR} \leqslant \frac{1}{3}V_{CC}$，基本 RS 触发器被置为 1，输出 u_o 由低电平 U_{OL} 跃到高电平 U_{OH}。同时放电管 V 截止，电源 V_{CC} 又经过 R_1 和 R_2 对电容 C 充电。电路又回到第一暂稳态。

因此，电容 C 上的电压 u_C 在 $2/3V_{CC}$ 和 $1/3V_{CC}$ 之间来回充电和放电，从而使电路产生振荡，输出矩形脉冲。

8. 抢答器工作原理电路图

通过对电路的一些功能需求分析，我们运用了 Protel 99 SE 软件对电路图进行了设计，将抢答器工作原理电路图设计出来，如图 6-22 所示。元件清单见表 6-6。

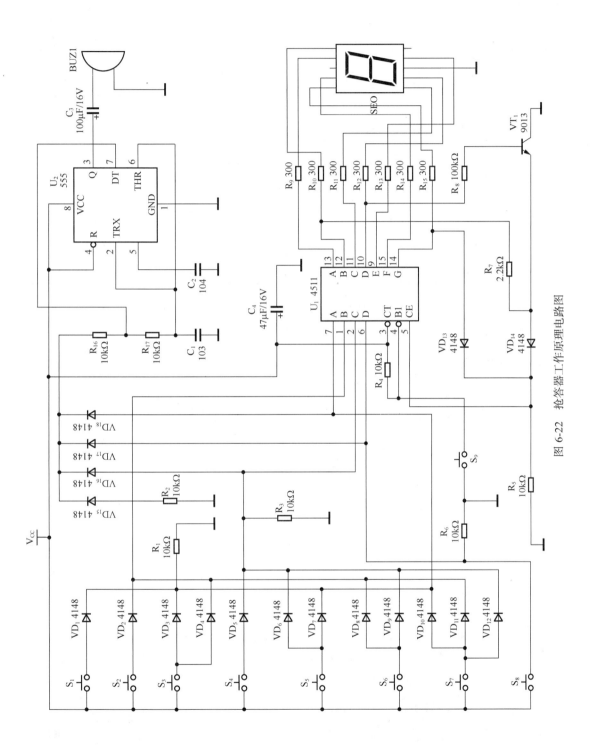

图 6-22　抢答器工作原理电路图

表 6-6 元件清单

名　称	型　号	数　量	编　号
瓷片电容	103	1	C_1
瓷片电容	104	1	C_2
电解电容	100μF/10V	2	C_3, C_4
开关二极管	1N4148	18	$VD_1 \sim VD_{18}$
0.5 寸共阴数码管	5011AH	1	DS_1
5.08-2P 接线端子	KF301-2P	1	J_1
TO-92 三极管	9013	1	VT_1
1/4W 电阻	10kΩ	8	$R_1 \sim R_6, R_{16}, R_{17}$
1/4W 电阻	2.2kΩ	1	R_7
1/4W 电阻	100kΩ	1	R_8
1/4W 电阻	360Ω	7	$R_9 \sim R_{15}$
6×6×5 微动开关	6×6×5	9	$S_1 \sim S_9$
12mm 无源蜂鸣器	12095	1	SP
集成电路	CD4511	1	U_1
集成电路	NE555	1	U_2
16P IC 座	DIP 16P	1	
8P IC 座	DIP 8P	1	
PCB 板		1	

考 核 评 价

本项目的考核评价表见表 6-7。

表 6-7 考核评价表

考核项目	考核内容	考核方式	比重
态度	1. 工作现场整理、整顿、清理不到位，扣 5 分 2. 通电发生短路故障，扣 5 分；损坏实训设备，扣 5 分 3. 操作期间不能做到安全、整洁等，扣 5 分 4. 不遵守教学纪律，有迟到、早退、玩手机等违纪现象，每次扣 5 分 5. 进入操作现场，未按要求穿戴装备，每次扣 5 分	学生自评 + 学生互评 + 教师评价	30%
技能	1. 不会识别和测试电阻、电位器、二极管等元器件，每一种扣 10 分 2. 不会判断电解电容极性，扣 10 分 3. 进行技能答辩，每答错一次扣 3 分 4. 不会撰写项目报告，扣 10 分	教师评价 + 学生互评	40%

续表

考核项目	考核内容	考核方式	比重
知识	1. 没有掌握电子元件测量操作流程、注意事项的相关知识，每个知识点扣 2 分 2. 没有掌握电阻的概念、作用，每个知识点扣 2 分 3. 没有掌握电阻的分类、主要参数，每个知识点扣 2 分 4. 进行知识答辩，每答错一次扣 3 分	教师评价	30%

项目七 | 万用表制作与电子装调

项目描述

万用表是一种多功能、多量程的便携式电工测量仪器。它结构简单、使用方便、成本低，而且一表多用。一般万用表都能够测量交直流电压、直流电流、电阻等。每个电气工作者都应该熟练掌握其工作原理及使用方法。

通过该项目的学习，学生应该在掌握相关知识的基础上，了解万用表的基本结构、工作原理，会焊接、调试一台万用表，并熟练掌握其使用方法，学会排除一些常见故障。同时还应掌握 51 开发板的焊接技能。

学习目标

（1）掌握 MF47 型万用表的工作原理、结构、读数、测量方法等。

（2）了解指针式万用表、数字万用表的各种故障及原因。

（3）掌握 51 开发板焊接的正确步骤及其性能特点、作用等。

（4）会熟练使用万用表。

（5）能严格按照工艺文件要求装配、调试万用表。

（6）能按照现场管理 6S 要求（整理、整顿、清扫、清洁、素养、安全）安全文明生产。

（7）会查找相关资料。

（8）具有团队合作精神和一定的组织协调能力。

项 目 制 作

一、所需仪器仪表、工具与材料的领取与检查

1. 所需的仪器仪表、工具与材料

领取图纸：电路原理图、装配图各一张。

领取工具、仪表：电烙铁、镊子、螺丝刀、尖嘴钳、万用表等。

领取材料：电阻器、可调电阻、二极管、电容器、熔断器、印制电路板、万用表表头、万用表面板、挡位开关旋钮、电池、表笔、焊锡丝、松香、连接导线及其他附件等。

MF47型机械式万用表焊接所需仪器仪表、工具与材料具体见表7-1。

表7-1　　　　　　　MF47型万用表焊接所需仪器仪表、工具与材料

序号	名称	标号	规格	数量	备注
1	原理图	图7-1		1	
2	装配图	图7-2		1	
3	数字万用表		UT-56	1	
4	电烙铁		35W	1	
5	镊子		尖嘴	1	
6	螺丝刀		一字、十字	1	
7	尖嘴钳			1	
8	斜口钳			1	
9	电阻器	R_1	0.47Ω	1	
10	电阻器	R_2	5Ω	1	
11	电阻器	R_3	50.5Ω	1	
12	电阻器	R_4	555Ω	1	
13	电阻器	R_5	$15k\Omega$	1	
14	电阻器	R_6	$30k\Omega$	1	
15	电阻器	R_7	$150k\Omega$	1	
16	电阻器	R_8	$800k\Omega$	1	
17	电阻器	R_9	$84k\Omega$	1	
18	电阻器	R_{10}	$360k\Omega$	1	
19	电阻器	R_{11}	$1.8M\Omega$	1	
20	电阻器	R_{12}	$2.25M\Omega$	1	
21	电阻器	R_{13}	$4.5M\Omega$	1	
22	电阻器	R_{14}	$17.3k\Omega$	1	
23	电阻器	R_{15}	$55.4k\Omega$	1	
24	电阻器	R_{16}	$1.78k\Omega$	1	
25	电阻器	R_{17}	165Ω	1	
26	电阻器	R_{18}	15.3Ω		
27	电阻器	R_{19}	6.5Ω		
28	电阻器	R_{20}	$4.15k\Omega$		
29	电阻器	R_{21}	$20k\Omega$		

序号	名称	标号	规格	数量	备注
30	电阻器	R_{22}	2.69kΩ		
31	电阻器	R_{23}	141kΩ		
32	电阻器	R_{24}	20kΩ		
33	电阻器	R_{25}	20kΩ		
34	电阻器	R_{26}	6.75MΩ		
35	电阻器	R_{27}	6.75MΩ		
36	电阻器	R_{28}	0.025Ω		
37	可调电阻	R_{WH1}	10kΩ	1	
38	电位器及旋钮	R_{WH2}	500Ω ~ 1kΩ	1套	
39	二极管	$VD_1 \sim VD_4$	1N4007	4	
40	电容器	C_1	10μF/16V	1	
41	熔断器及夹片		250V/0.5A	1套	
42	晶体管插座、插片、插管			1套	
43	印制电路板			1	
44	面板 + 表头			1	
45	挡位开关旋钮			1	
46	电刷旋钮			1	
47	电池盖板			1	
48	后盖			1	
49	V 形电刷			1套	
50	螺钉		M3×6	4	
51	弹簧			1	
52	钢珠			1	
53	铭牌、标志			1套	
54	电池夹			1套	
55	电池		9V	1	
56	电池		1.5V	1	
57	表笔			1副	
58	松香			若干	
59	海绵			若干	
60	焊锡丝			若干	
61	连接导线			若干	

MF47 型万用表的电路原理图如图 7-1 所示。

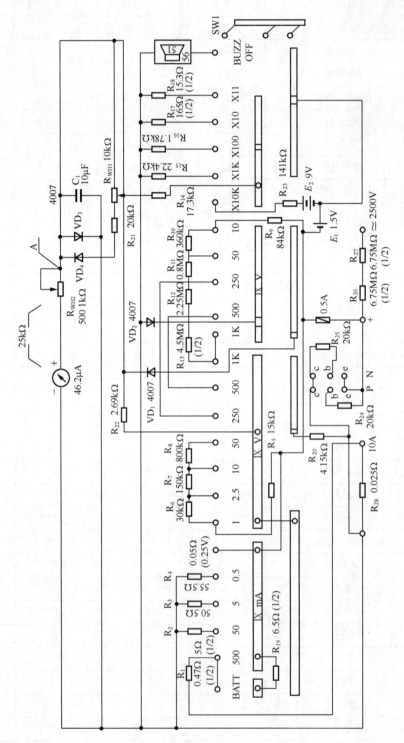

图 7-1 MF47 型万用表的电路原理图

MF47 型万用表的装配图如图 7-2 所示。

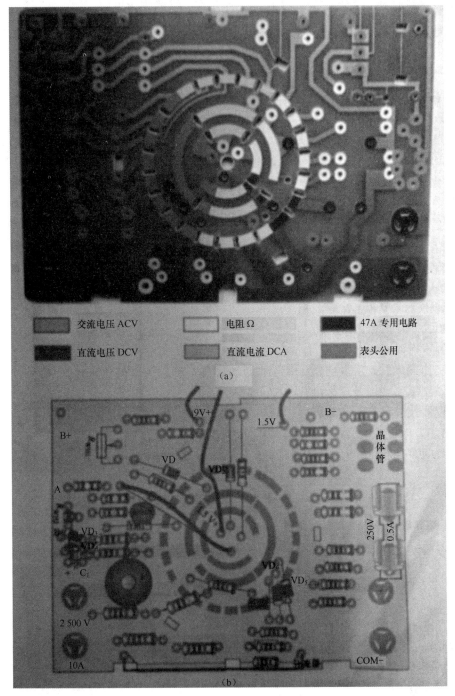

图 7-2　MF47 型万用表的装配图

2. 检查领到的仪器仪表、工具与材料

① 电路原理图与装配图是否清楚、正确。

② 万用表是否完好、可使用。

③ 工具数量是否齐全、型号是否正确，能否符合使用要求。

④ 检查万用表套件时，按材料清单一一核对，记清每个元器件的名称与外形。检查元器件和清点材料时可将表箱后盖当容器，将所有的东西都放在里面。清点完毕后将材料放回塑料袋备用。暂时不用的放在塑料袋里。弹簧和钢珠一定不要丢失。注意表头不能损坏或者拿在手里晃动。挡位开关由安装在正面的挡位开关旋钮和安装在反面的电刷旋钮组成。装配电路板有黄、绿两面，绿面用于焊接，黄面用于安装元器件。

二、穿戴与使用绝缘防护用具

工作负责人认真检查每位工作人员的穿戴情况。

进入实训室或者工作现场，必须穿好工作服（长袖），戴好工作帽，长袖工作服不得卷袖。进入现场必须穿合格的工作鞋，任何人不得穿高跟鞋、网眼鞋、钉子鞋、凉鞋、拖鞋等进入工作现场。

- 确认工作者穿好工作服。
- 确认工作者紧扣上衣领口、袖口。
- 确认工作者穿上绝缘鞋。
- 确认工作者戴好工作帽。
- 对穿戴不合格的工作者，取消此次工作资格。

三、工作现场管理及仪器仪表、工具与材料的归还

（1）制作完成后，应及时对工作场地进行卫生清洁，使物品摆放整齐有序，保持现场的整洁，做到工作现场管理标准化（6S）。

（2）仪器仪表、工具与材料使用完毕后，应归还至相应管理部门或单位。

① 归还万用表、电烙铁、镊子、尖嘴钳、螺丝刀等仪表和工具。

② 归还焊接的万用表以及相应材料。

相 关 知 识

一、万用表

1. 万用表的概念

万用表又称为复用表、多用表、三用表、繁用表等，是一种多功能、多量程的测量仪表，是电工电子技术中不可缺少的测量仪表，一般以测量电压、电流和电阻为主要目的。万用表按显示方式分为指针万用表和数字万用表，如图 7-3 所示。一般万用表可测量交直流电流、交直流电压、电阻和音频电平等，有的还可以测电容量、电感量及半导体的一些参数（如 β）等。

2. 操作规程

（1）使用前应熟悉万用表的各项功能，根据被测量的对象，正确选择挡位、量程及表笔插孔。

（2）在对被测数据大小不明时，应先将量程开关置于最大值，而后由大量程往小量程挡处切换，使仪表指针指示在满刻度的 1/2 以上处即可。

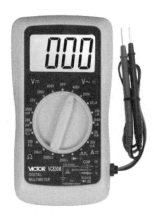

图 7-3 指针万用表与数字万用表

（3）测量电阻时，在选择了适当倍率挡后，将两表笔相碰短接使指针指在零位，如指针偏离零位，应调节"调零"旋钮，使指针归零，且每切换一次倍率挡位，应调零一次，以保证测量结果准确。如不能调零或数显表发出低电压报警，应及时检查。

（4）在测量某电路电阻时，必须切断被测电路的电源，不得带电测量。

（5）使用万用表进行测量时，要注意人身和仪表设备的安全，测试中不得用手触摸表笔的金属部分，不允许带电切换挡位开关，以确保测量准确，避免发生触电和烧毁仪表等事故。

3. 注意事项

（1）在使用万用表之前，应先进行"机械调零"，即在没有被测电量时，使万用表指针指在零电压或零电流的位置上。

（2）在使用万用表的过程中，不能用手去接触表笔的金属部分，这样一方面可以保证测量的准确，另一方面也可以保证人身安全。

（3）在测量某一电量时，不能在测量的同时换挡，尤其是在测量高电压或大电流时更应注意。否则会使万用表毁坏。如需换挡，应先断开表笔，换挡后再去测量。

（4）万用表在使用时，必须水平放置，以免造成误差。同时还要注意避免外界磁场对万用表造成影响。

（5）万用表使用完毕，应将转换开关置于交流电压的最大挡。如果长期不使用，还应将万用表内部的电池取出来，以免电池腐蚀表内其他器件。

二、特殊元器件的识别

（1）保险丝、连接线、短接线如图 7-4 所示。

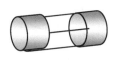

（a）保险丝管 　　　　　　　　　　（b）连接线和短接线

图 7-4 保险丝、连接线、短接线

（2）MF47 线路板如图 7-5 所示。

（3）面板＋表头、挡位开关旋钮、电刷旋钮及电池盖板如图 7-6 所示。

图 7-5　MF47 线路板

（a）面板＋表头

（b）挡位开关旋钮

正面　　反面

（c）电刷旋钮

图 7-6　面板＋表头、挡位开关旋钮、电刷旋钮

（4）电位器旋钮、晶体管插座、后盖如图 7-7 所示。

（a）电位器旋钮

（b）晶体管插座

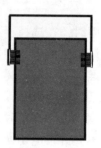

（c）后盖＋提把＋电池
盖板组合件

图 7-7　电位器旋钮、晶体管插座、后盖

（5）螺钉、弹簧、钢珠如图 7-8 所示。

螺钉 M3×6 表示螺钉的螺纹部分直径为 3mm，长度为 6mm。

（a）螺钉 M3×6

（b）弹簧

（c）钢珠

图 7-8　螺钉、弹簧、钢珠

（6）电池极片、铭牌、标志如图 7-9 所示。

1.5V 负电池极片　1.5V 正电池极片　9V 正电池极片

（a）电池极片

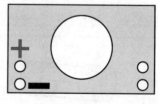

（b）铭牌

图 7-9　电池夹、铭牌

标志请贴好，防止东西掉进表头内部。

（7）V形电刷、晶体管插片如图7-10所示。

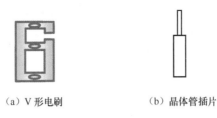

（a）V形电刷　　　　　　　　（b）晶体管插片

图7-10　V形电刷、晶体管插片

（8）表笔如图7-11所示。

（a）红表笔　　　　　　　　　　　　　　（b）黑表笔

图7-11　表笔

三、元器件安装与焊接的实施

1. 安装与焊接的准备

（1）清除元件表面的氧化层

长期存放的元件，表面会形成氧化层，不但使元件难以焊接，而且影响焊接质量，因此当元件表面存在氧化层时，应首先清除该氧化层。注意用力不能过猛，以免使元件引脚受伤或折断。

清除元件表面氧化层的方法（见图7-12）是：左手捏住电阻或其他元件的本体，右手用锯条顶部轻刮元件引脚的表面，左手慢慢地转动，直到表面氧化层全部去除。为了使电池夹易于焊接，要用尖嘴钳前端的齿口部分将电池夹的焊接点锉毛，去除氧化层。

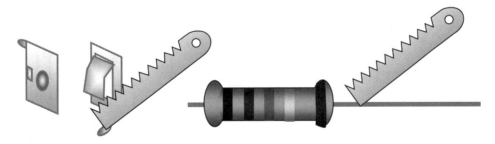

图7-12　清除元件表面的氧化层

（2）元件引脚的弯制成形

左手用镊子紧靠电阻的本体，夹紧元件的引脚，使引脚的弯折处距离元件的本体有2mm以上的间隙，如图7-13所示。左手夹紧镊子，右手食指将引脚弯成直角。注意：不能用左手捏住元件本体，右手紧贴元件本体进行弯制，如果这样，引脚的根部在弯制过程中容易受力而损坏。

元件弯制后的形状（见图7-14）、引脚之间的距离，根据线路板孔距而定，引脚修剪后的长度大约为 8mm。如果孔距较小，元件较大，应将引脚往回弯折成形，如图 7-14（b）所示。电容的引脚可以弯成直角，将电容水平安装（见图 7-14（c）），或弯成梯形，将电容垂直安装，如图 7-14（e）所示。二极管可以水平安装，当孔距很小时应垂直安装，如图 7-14（e）所示。

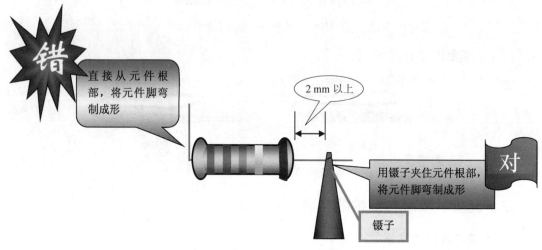

图 7-13　元器件引脚的弯制成形

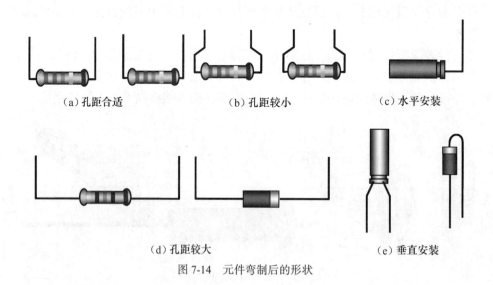

图 7-14　元件弯制后的形状

为了将二极管的引脚弯成美观的圆形，应用螺丝刀辅助弯制。

将螺丝刀紧靠二极管引脚的根部，十字交叉，左手捏紧交叉点，右手食指将引脚向下弯，直到两引脚平行，如图 7-15 所示。

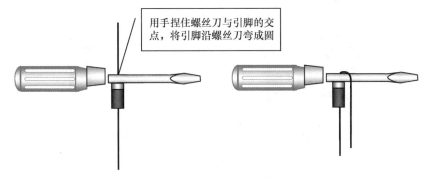

图 7-15　用螺丝刀辅助弯制

有的元件安装孔距离较大，应根据线路板上对应的孔距弯曲成形，如图 7-16 所示。

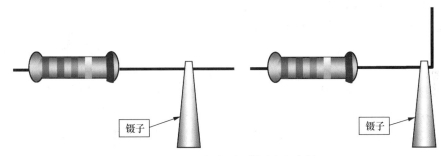

图 7-16　孔距较大时元件引脚的弯制

元器件做好后应按规格型号的标注方法进行读数。将胶带轻轻贴在纸上，把元器件插入，贴牢，写上元器件规格型号值，然后将胶带贴紧，备用（见图 7-17）。注意：不要把元器件引脚剪得太短。

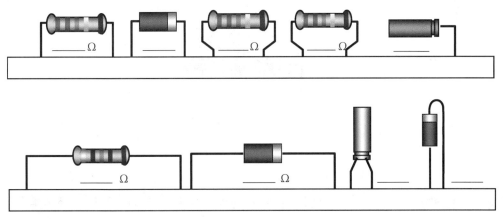

图 7-17　元器件制成后标注规格型号

（3）元器件的插放

将制成型的元器件对照图纸插放到线路板上。

注意：一定不能插错位置；二极管、电解电容要注意极性；电阻插放时要求读数方向排列整齐，横排的必须从左向右读，竖排的从下向上读，保证读数一致，如图 7-18 所示。

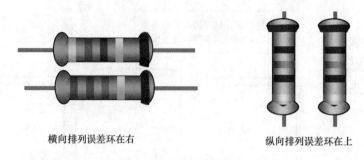

横向排列误差环在右　　　　　　　　纵向排列误差环在上

图 7-18　电阻色环的排列方向

（4）元器件参数的检测

每个元器件在焊接前都要用万用表检测其参数是否在规定的范围内。二极管、电解电容要检查它们的极性，电阻要测量阻值。

测量阻值时应将万用表的挡位开关旋钮调整到电阻挡，预读被测电阻的阻值，估计量程，将挡位开关旋钮打到合适的量程，短接红、黑表笔，调整电位器旋钮，将万用表调零（见图 7-19）。注意电阻挡调零电位器旋钮在表的右侧，不能调表头中间的小旋钮，该旋钮用于表头本身的调零。调零后，用万用表测量每个插放好的电阻的阻值。测量不同阻值的电阻时要使用不同的挡位，每次换挡后都要调零。为了保证测量的精度，要使测出的阻值在满刻度的 2/3 左右，过大或过小都会影响读数，应及时调整量程。要注意一定要先插放电阻，后测阻值，这样不但检查了电阻的阻值是否准确，而且同时还检查了元件的插放是否正确，如果插放前测量电阻，只能检查元件的阻值，而不能检查插放是否正确。

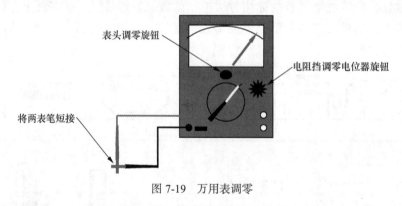

图 7-19　万用表调零

（5）焊接练习

焊接前一定要注意，烙铁的插头必须插在右手的插座上，不能插在靠左手的插座上（如果是左撇子就插在左手）。烙铁通电前应将烙铁的电线拉直，并检查电线的绝缘层是否有损坏，不能将电线缠在手上。通电后应将电烙铁插在烙铁架中，并检查烙铁头是否会碰到电线、书包或其他易燃物品。

烙铁加热过程中及加热后都不能用手触摸烙铁的发热金属部分，以免被烫伤或触电。烙铁架上的海绵要事先加水。

① 烙铁头的保护。为了便于使用，烙铁在每次使用后都要进行维修，锉去烙铁头上的黑色氧化层，露出铜的本色，在烙铁加热的过程中要注意观察烙铁头表面的颜色变化，随着颜色的变深，烙铁的温度渐渐升高，这时要及时把焊锡丝点到烙铁头上，焊锡丝在一定

温度时熔化，将烙铁头镀锡，保护烙铁头，镀锡后的烙铁头为白色。

② 烙铁头上多余锡的处理。如果烙铁头上挂有很多的锡，不易焊接，可在烙铁架中带水的海绵上或者在烙铁架的钢丝上抹去多余的锡。不可在工作台上或者其他地方抹去。

③ 在练习板上焊接。焊接练习板是一块焊盘排列整齐的线路板，学生可将一根七股多芯电线的线芯剥出，把一股从焊接练习板的小孔中插入，练习板放在焊接木架上，从右上角开始，排列整齐，进行焊接，如图 7-20 所示。

练习时注意不断总结，把握加热时间、送锡多少，不可在一个点加热时间过长，否则会使线路板的焊盘烫坏。注意应尽量排列整齐，以便前后对比，改进不足。

焊接时先将电烙铁在线路板上加热，大约两秒钟后，送焊锡丝，观察焊锡量的多少，不能太多，造成堆焊；也不能太少，造成虚焊。当焊锡熔化、发出光泽时焊接温度最佳，应立即将焊锡丝移开，再将电烙铁移开。为了在加热时使加热面积最大，要将烙铁头的斜面靠在元件引脚上，烙铁头的顶尖抵在线路板的焊盘上，如图 7-21 所示。焊点高度一般在 2mm 左右，直径应与焊盘相一致，引脚应高出焊点大约 0.5mm。

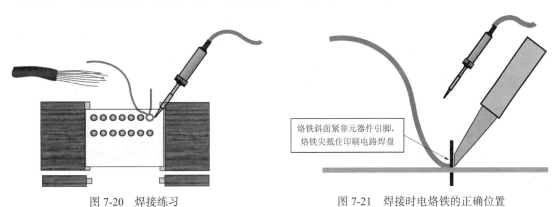

烙铁斜面紧靠元器件引脚，烙铁尖抵住印刷电路焊盘

图 7-20　焊接练习　　　　　　　　图 7-21　焊接时电烙铁的正确位置

（6）焊点的正确形状

焊点的常见形状如图 7-22 所示，其中焊点 a 一般焊接得比较牢固；焊点 b 为理想状态，一般不易焊出这样的形状；焊点 c 焊锡较多，当焊盘较小时，可能会出现这种情况，但是往往有虚焊的可能；焊点 d、e 焊锡太少；焊点 f 提烙铁时方向不合适，造成焊点形状不规则；焊点 g 烙铁温度不够，焊点呈碎渣状，这种情况多数为虚焊；焊点 h 焊盘与焊点之间有缝隙，为虚焊或接触不良；焊点 i 引脚放置歪斜。形状不正确的焊点，元件多数没有焊接牢固，一般为虚焊点，应重焊。

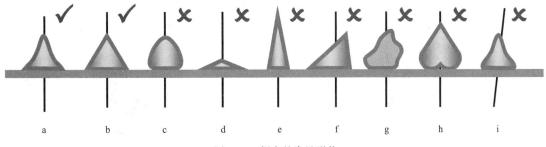

图 7-22　焊点的常见形状

焊点的常见形状俯视图如图 7-23 所示，其中焊点 a、b 形状圆整，有光泽，焊接正确；

焊点 c、d 温度不够，或抬烙铁时发生抖动，焊点呈碎渣状；焊点 e、f 焊锡太多，将不该连接的地方焊成短路。

（a）焊点 a、e 的俯视图　　（b）焊点 c、d 的俯视图　　（c）焊点 e、f 的俯视图

图 7-23　焊点的常见形状（俯视）

焊接时一定要注意尽量把焊点焊得美观牢固。

2. 万用表的焊接

（1）元器件的焊接

在焊接练习板上练习合格，对照图纸插放元器件，用万用表校验，检查每个元器件插放是否正确、整齐，二极管、电解电容极性是否正确，电阻读数的方向是否一致，全部合格后方可进行元器件的焊接。

焊接完后的元器件，要求排列整齐，高度一致，如图 7-24 所示。为了保证焊接的整齐美观，焊接时应将线路板架在焊接木架上，两边架空的高度要一致，元件插好后，要调整位置，使它与桌面相接触，保证每个元件焊接高度一致。焊接时，电阻不能离线路板太远，也不能紧贴线路板，以免影响电阻的散热。

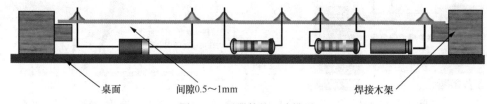

桌面　　　　　间隙0.5～1mm　　　　　　　　　焊接木架

图 7-24　元器件的正确排列

焊接时如果线路板未放水平，应重新加热调整。图 7-25 所示的线路板未放水平，使二极管两端引脚长度不同，离开线路板太远；蓝电阻放置歪斜；电解电容折弯角度大于 90°，易将引脚弯断。

图 7-25　元器件的错误排列

应先焊水平放置的元器件，后焊垂直放置的或体积较大的元器件，如分流器、可调电阻等，如图 7-26 所示。

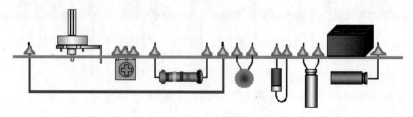

图 7-26　焊接位置

焊接时不允许用电烙铁运载焊锡丝,因为烙铁头的温度很高,焊锡在高温下会使助焊剂分解挥发,易造成虚焊等焊接缺陷。

（2）电位器的安装

安装电位器时,应先测量电位器引脚间的阻值,电位器共有 5 个引脚,其中三个并排的引脚中,1、3 两点为固定触点,2 为可动触点,当旋钮转动时,1、2 或者 2、3 间的阻值发生变化,如图 7-27 所示。电位器实质上是一个滑线电阻,电位器的两个粗的引脚主要用于固定电位器。安装时应捏住电位器的外壳,平稳地插入,不应使某一个引脚受力过大。不能捏住电位器的引脚安装,以免损坏电位器。安装前应用万用表测量电位器的阻值,电位器 1、3 为固定触点,2 为可动触点,1、3 之间的阻值应为 $10k\Omega$,拧动电位器的黑色小旋钮,测量 1 与 2 或者 2 与 3 之间的阻值,应在 $0 \sim 10k\Omega$ 变化。如果没有阻值,或者阻值不改变,说明电位器已经损坏,不能安装,否则 5 个引脚焊接后,要更换电位器就非常困难了。

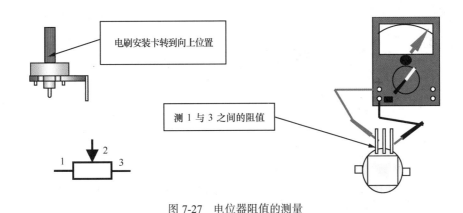

图 7-27　电位器阻值的测量

注意,电位器要装在线路板的焊接绿面,不能装在黄色面。

（3）输入插管的安装

输入插管装在电路板绿面,是用来插表笔的,因此一定要焊接牢固。将输入插管插入线路板中,用尖嘴钳在电路板黄面轻轻捏紧,将其固定,一定要注意垂直,然后将两个固定点焊接牢固。

（4）晶体管插座的安装

晶体管插座装在线路板绿面,用于判断晶体管的极性。在绿面的左上角有 6 个椭圆的焊盘,中间有两个小孔,用于晶体管插座的定位,将其放入小孔中检查是否合适,如果小孔直径小于定位凸起物,应用锥子稍微将孔扩大,使定位凸起物能够插入。

晶体管插片装好后,将晶体管插座装在线路板上,定位并检查是否垂直,并将 6 个椭圆的焊盘焊接牢固。

（5）电池极片的焊接

焊接前先要检查电池极片的松紧,如果太紧应将其调整。调整的方法是用尖嘴钳将电池极片侧面的突起物稍微夹平,使它能顺利地插入电池极片插座,且不松动,如图 7-28 所示。

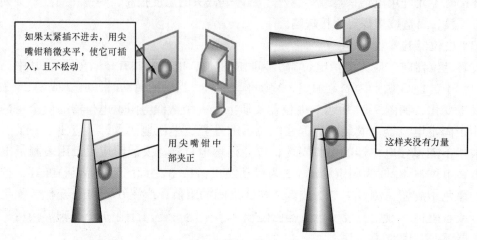

图 7-28　调整电池极片的松紧

电池极片安装的位置如图 7-29 所示。注意平极片与凸极片不能对调，否则电路无法接通。

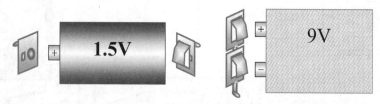

图 7-29　电池极片安装的位置

焊接时应将电池极片拔起，否则高温会把电池极片插座的塑料烫坏。为了便于焊接，应先用尖嘴钳的齿口将其焊接部位部分锉毛，去除氧化层。用加热的烙铁沾一些松香放在焊接点上，再加焊锡，为其搪锡。

将连接线线头剥出，如果是多股线应立即将其拧紧，然后沾松香并搪锡（连接线已经搪锡）。用烙铁运载少量焊锡，烫开电池极板上已有的锡，迅速将连接线插入并移开烙铁。如果时间稍长将会使连接线的绝缘层烫化，影响其绝缘。

连接线焊接的方向如图 7-30 所示。连接线焊好后将电池极板压下，安装到位。

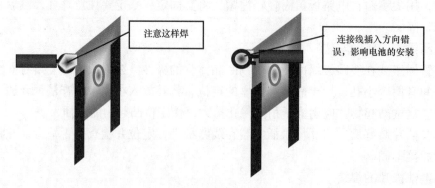

图 7-30　连接线焊接的方向

（6）错焊元器件的拔除

当元件焊错时，要将错焊元件拔除。先检查焊错的元件应该焊在什么位置，正确位置的引脚长度是多少，如果引脚较短，为了便于拔出，应先将引脚剪短。在烙铁架上清除烙铁头上的焊锡，将线路板绿色的焊接面朝下，用烙铁将元件脚上的锡尽量刮除，然后将线路板竖直放置，用镊子在黄色的面将元件引脚轻轻夹住。在绿色面，用烙铁轻轻烫，同时用镊子将元件向相反方向拔除。拔除后，焊盘孔容易堵塞，有两种方法可以解决这一问题。

① 烙铁稍烫焊盘，用镊子夹住一根废元件脚，将堵塞的孔通开；

② 将元件做成正确的形状，并将引脚剪到合适的长度，镊子夹住元件，放在被堵塞孔的背面，用烙铁在焊盘上加热，将元件推入焊盘孔中。

注意用力要轻，不能将焊盘推离线路板，使焊盘与线路板间形成间隙或者使焊盘与线路板脱开。

（7）焊接时的注意事项

① 在拿起线路板的时候，最好戴上手套或者用两指捏住线路板的边缘。不要直接用手抓线路板两面有铜箔的部分，防止手汗等污渍腐蚀线路板上的铜箔而导致线路板漏电。

② 如果在安装完毕后发现高压测量的误差较大，可用酒精将线路板两面清洗干净并用电吹风烘干。

③ 电路板焊接完毕后，用橡皮将三圈导电环上的松香、汗渍等残留物擦干净。否则易造成接触不良。

④ 焊接时要注意电刷轨道上一定不能粘上锡，否则会严重影响电刷的运转。为了防止电刷轨道粘锡，切忌用烙铁运载焊锡。由于焊接过程中有时会产生气泡，使焊锡飞溅到电刷轨道上，因此应用一张圆形厚纸垫在线路板上，如图 7-31 所示。

⑤ 如果电刷轨道上粘了锡，应将其绿面朝下，用没有焊锡的烙铁将锡尽量刮除。但由于线路板上的金属与焊锡的亲和性强，一般不能刮尽，只能用小刀稍微修平整。

⑥ 在每一个焊点加热的时间不能过长，否则会使焊盘脱开或脱离线路板。对焊点进行修整时，要让焊点有一定的冷却时间，否则不但会使焊盘脱开或脱离线路板，而且会使元器件温度过高而损坏。

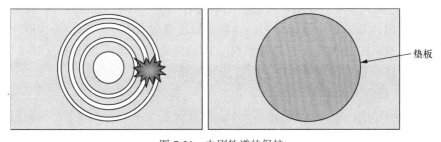

图 7-31　电刷轨道的保护

四、MF47 型万用表的认识

1. 结构

（1）表头的特点

表头的准确度等级为 1 级（即表头自身的灵敏度误差为 ±1%），水平放置，为整流式仪表，绝缘强度试验电压为 5000V。表头中间下方的小旋钮为机械零位调节旋钮。

表头共有 7 条刻度线，从上向下分别为电阻（黑色）、直流毫安（黑色）、交流电压

（红色）、晶体管共射极直流放大系数 h_{FE}（绿色）、电容（红色）、电感（红色）、分贝（红色）等。

（2）挡位开关

挡位开关共有 5 挡，分别为交流电压、直流电压、直流电流、电阻及晶体管，共 24 个量程。

（3）插孔

MF47 万用表共有 4 个插孔，左下角红色"+"为红表笔，正极插孔；黑色"−"为公共黑表笔插孔；右下角"2500V"为交直流 2500V 插孔；"5A"为直流 5A 插孔。

（4）机械调零

旋动万用表面板上的机械零位调整旋钮，使指针对准刻度盘左端的"0"位置。

2．读数

读数时目光应与表面垂直，使表指针与反光铝膜中的指针重合，以确保读数的精度。检测时先选用较高的量程，然后根据实际情况，调整量程，最后使读数在满刻度的 2/3 附近。

3．测量交流电压

测量交流电压时将挡位开关旋钮打到交流电压挡，表笔不分正负极，与测量直流电压相似地进行读数，其读数为交流电压的有效值。

4．测量直流电流

把万用表两表笔插好，红表笔接"+"，黑表笔接"−"，把挡位开关旋钮打到直流电流挡，并选择合适的量程。当被测电流数值范围不确定时，应先选用较高的量程。把被测电路断开，将万用表两表笔串接到被测电路上，注意直流电流从红表笔流入、黑表笔流出，不能接反。根据测出电流值，再逐步选用低量程，保证读数的精度。

5．测量电阻

插好表笔，将挡位开关旋钮打到电阻挡，并选择量程。短接两表笔，旋动电阻调零电位器旋钮，进行电阻挡调零，使指针到电阻刻度右边的"0Ω"处，将被测电阻脱离电源，用两表笔接触电阻两端，表头指针显示的读数乘以所选量程的分辨率数即为所测电阻的阻值。例如，选用 R×10 挡测量，指针指示 50，则被测电阻的阻值为 $50\Omega \times 10 = 500\Omega$。如果显示值过大或过小要重新调整挡位，保证读数的精度。

6．使用万用表的注意事项

① 测量时不能用手触摸表笔的金属部分，以保证安全和测量准确性。测电阻时如果用手捏住表笔的金属部分，会将人体电阻并接于被测电阻而引起测量误差。

② 测量直流量时注意被测量的极性，避免指针反偏打坏表头。

③ 不能带电调整挡位或量程，避免电刷的触点在切换过程中产生电弧而烧坏线路板或电刷。

④ 测量完毕后应将挡位开关旋钮打到交流电压最高挡或空挡。

⑤ 不允许测量带电的电阻，否则会烧坏万用表。

⑥ 表内电池的正极与面板上的"−"插孔相连，负极与面板"+"插孔相连，如果不用时误将两表笔短接会使电池很快放电并流出电解液，腐蚀万用表，因此不用时应将电池取出。

⑦ 在测量电解电容和晶体管等器件的阻值时要注意极性。

⑧ 电阻挡每次换挡都要进行调零。

⑨ 不允许用万用表电阻挡直接测量高灵敏度的表头内阻，以免烧坏表头。

⑩ 一定不能用电阻挡测电压，否则会烧坏熔断器或损坏万用表。

五、MF47 型万用表的电路原理

1. 指针式万用表的基本工作原理

指针式万用表的电路原理图如图 7-32 所示。

指针式万用表由表头、电阻测量挡、电流测量挡、直流电压测量挡和交流电压测量挡几个部分组成，图中右侧 " – " 处为黑表笔插孔，" + "处为红表笔插孔。

测电压和电流时，外部有电流通入表头，因此不需要内接电池。

当把挡位旋钮 SA 置于交流电压挡时，

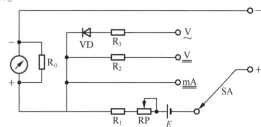

图 7-32 指针式万用表的基本测量电路原理图

通过二极管 VD 整流，电阻 R_3 限流，由表头显示出来。

SA 置于直流电压挡时不需要二极管整流，仅需要电阻 R_2 限流，表头即可显示。

SA 置于直流电流挡时既不需要二极管整流，也不需要电阻 R_2 限流，表头即可显示。

测电阻时将转换开关 SA 拨到电阻挡，这时外部没有电流通入，因此必须使用内部电池作为电源，设外界的被测电阻为 R_X，表内的总电阻为 R，形成的电流为 I，由 R_X、电池 E、可调电位器 RP、固定电阻 R_1 和表头部分组成闭合电路，形成的电流 I 使表头的指针偏转。红表笔与电池的负极相连，通过电池的正极与电位器 RP 及固定电阻 R_1 相连，再经过表头接到黑表笔与被测电阻 R_X 形成回路产生电流，使表头显示。即

$$I = \frac{E}{R_X + R}$$

从上式可知：I 和被测电阻 R_X 不呈线性关系，所以表盘上电阻标度尺调度的刻度是不均匀的。电阻越小，回路中的电流越大，指针的摆动越大，因此电阻挡的标度尺刻度是反向分度。

当万用表的红、黑两表笔直接连接时，相当于外接电阻最小，$R_X = 0$，即

$$I = \frac{E}{R_X + R} = \frac{E}{R}$$

此时通过表头的电流最大，指针摆动最大，因此指针指向满刻度处，向右偏转最大，显示阻值为 0Ω。注意观察电阻挡的零位是在左边还是在右边，其余挡的零位是否与它一致。

反之，当万用表红、黑两表笔断路时，$R_X \to \infty$，R 可以忽略不计，则

$$I = \frac{E}{R_X + R} \approx \frac{E}{R_X} \to 0$$

此时通过表头的电流最小，因此指针指向 0 刻度处，显示阻值为 ∞。

2. MF47 型万用表的工作原理

认真阅读 MF47 型万用表的电路原理图（见图 7-1）和装配图（见图 7-2）。

此万用表的显示表头是一个直流微安表，R_{WH2} 是电位表，用于调节表头回路中的电流大小，VD_3、VD_4 与两个二极管反向并联并与电容并联，用于限制表头两端的电压，起保护表头的作用，使表头的电压、电流不至过大而烧坏。电阻挡分为 R×1、R×10、R×100、R×1k、R×10k 几个量程，当转换开关打到某一个量程时，与某一个电阻形成回路，使表头偏转，测出阻值的大小。

该万用表由 5 个部分组成：公共显示部分、保护电路部分、直流电流部分、直流电压部分、交流电压部分和电阻部分。电路板上每个挡位的分布如图 7-3 所示，上面为交流电压挡，左边为直流电压挡，下面为直流电流挡，右边是电阻挡。

六、万用表故障的分析与处理

1. 数字式万用表

（1）数字万用表故障分析法

① 感官判断力分析法。这种方法是在不需要任何工具的情况下，根据自己的器官判断有无故障问题，主要就包括眼睛、手、鼻子、耳朵等。例如，用眼睛观察数字万用表的线是否完整无缺、内部有无损伤等；通过鼻子闻出内部出现的怪味，判断出是否是哪里被烧毁、烧坏的程度等；通过手的触摸能够根据触摸的温度等进行判断；通过耳朵听出万能表内部的声音判断其运作情况。

② 电压判断分析法。数字万用表在日常的正常工作中，在引脚、接点或测量点处均有各自的电压，并且这里的电压总是会有一个标准值。如果万用表在工作的过程中，表上面显示的值与正常的标准值相差较大，说明了这时这个数字万能表已经出现了问题，最好利用一块相同型号的数字万能表进行对比，确保结果的精确程度。

③ 元件判断分析法。数字万用表是由多个原件组合而成的，当表出现故障，可以将里面的元件拆开，对其进行元件测试判断，找出解决的措施。在对元件进行脱离线路测试的过程中，一定要与好元件的标准值进行对比，倘若元件不能够直观或者间接地测出脱离线路的数值，元件的标准值也未知，可以将一个好的元件装到万能表中，确定其工作情况，再对其进行判断。在对万能表的部分元件进行测试的过程中，还应考虑对其他元件是否有影响。

④ 干扰信号分析法。这种分析法在现在的线路维修中也是常用到的方法之一，在对一些线路或者设备进行故障检查时，运用信号干扰，然后再查看万用表的显示器的变化情况，再判断数字万能表可能存在的问题在何处。

（2）数字万用表故障处理

① 在显示方面出现的故障。

• 万用表在开机之后显示无响应。一般情况下，电器或者仪表在接通电源之后都会存在一定的显示，表示这时是处于工作状态，并且显示的内容会根据情况不同而不同，但是如果开机之后，表的显示器上面无反应，则需要进行下面一项的分析。

• 电池问题导致的开机无显示。可能由于之前的工作中已经将电消耗得差不多，万能表开机之后，电压太小无法让显示器显示出相应的内容，这时应该更换电池；长时间使用的电池，电池的盖子容易腐蚀，从而影响电池的松紧程度，应该将电池盖的腐蚀物用坚硬的器具清理掉；电池脱焊，此时可以根据自己的实际需要更换引线或者将这些引线重新焊接起来；电池的引线出现漏电，这时的电池引线最好丢弃，以免造成安全事故。

● 显示不完整。在显示的过程中，如果出现屏幕显示缺少某个数字或者某个消息的情况，就应该对 A/D 转换器进行检查或者更换，要是显示部分里面相关的元件受到了损伤，这时应该利用示波器检查对应部位的引线端子输出的信号波形来进行补救和维修。

检查显示器内是否受到摩擦或者损伤，或者部分老化，芯片等是否完好，再进行更换或者维修。

● 低电压指示符的显示出现错误。在万用表中换上新的电池出现了很低的电压，但是显示器无显示的情况仍然存在，出现这种情况的原因一般是门电路出现故障。另外一方面也有可能导致这种现象的出现，即与之相关的三极管出现故障、电阻变形并且相衔接的部分脱焊而导致故障生成。

② 功能方面出现的故障。一般情况下，万能表在功能上面存在着共性与个性故障，针对共性故障，主要是对万用表内部的一些结构或元件进行检查；对于个性故障，则需要针对不同的情况进行不同的分析。

● 直流电压挡出现问题。查看对应的转换开关是否良好。转换开关出现接触不良好的现象时就会使得电压突然连接、突然断开，给测量者带来很大的麻烦；另一方面，若转换开关处于断路致使直流电压出现问题，就会使得测量的电压不可能顺畅地到达所测量的电路，使得万用表的电压结果不准确。

查看与直流电压串联的电阻断路连接完善与否，在直流电压的一端都会串联相应的电阻，但是要是串联的电阻断开，就会使得根本无法进行精确的电压测量。

● 直流电压测量的结果与标准值存在误差。查看转换开关有无存在串挡现象。使用时间很长的数字万用表其定位装置可能已经无法正常地运行而停留在两个挡位之间，使得万用表无法测量或者测量不准确。

查看分压电阻测量的结果与标准值相差的大小。万用表由于使用年限和气候的影响，容易受潮，这时应将分压电阻清理干净。

● 直流电流挡出现问题。查看转换开关是否出现问题。查看保险管的完好程度。查看限幅二极管的完整度与顺畅情况，要是二极管出现短路等现象，就会使得正在测试的物体的电流与 COM 端出现严重的短路。

● 交流电压挡的问题。要对转换开关的接触处进行查看，并且还要查看集成运算放大器与滤波电容，查看整流输出端进行串联的电阻有无短路、断路等。

● 电阻挡的问题。首先查看转换开关的接触状况，然后查看热敏电阻，观察其断路、标准电阻等无法发挥其功能或者电阻的阻值情况，以及过压保护晶体管中的 C-E 极与并联的电容（0.1μF）之间是否完整，有无漏电现象等。保证与基准电压相连接的电阻处于正常状态。

2. 指针式万用表

（1）故障一：测试时，指针不偏转或来回摆动不停

产生原因：①测试表笔折断；②保险丝管烧坏；③动圈断路；④与表头串联电阻损坏断路；⑤表头保护装置（晶体二极管）击穿短路；⑥表头线脱焊。

解决方法：①表笔损坏重新更换；②更换合适的保险丝管；③更换损坏动圈；④更换损坏的电阻；⑤更换损坏的二极管；⑥重新焊好脱焊点。

（2）故障二：机械调零时，指针在零位处有变位或卡滞现象

产生原因：①轴承与轴尖间的间隙过紧使指针变位；②表芯与极掌间隙中有毛刺，如铁屑或纤维，阻碍可动部分自由活动；③仪表游丝粘连或跳圈；④平衡锤松动或变形；⑤指针与表盘之间有磁化物质阻碍指针自由运动；⑥可动线圈变形。

解决方法：①重新调整轴承与轴尖的间隙，使活动部分摆动自如；②清除极掌或铁心上的铁屑，用细钢丝插入间隙中利用钢丝被磁化的原理吸出铁屑，再用皮老虎清除其中的纤维；③平整游丝到正常位置；④重新焊好平衡锤并调整好与指针之间的角度；⑤清除指针与表盘之间存在的带磁性的物质；⑥有条件的情况下，更换可动线圈。

（3）故障三：有一个或几个挡在测量时表无指示

产生原因：①该挡转换开关接触不良，触点氧化或烧坏；②该挡元件严重损坏或氧化。

解决方法：①重新调整好转换开关的位置，用无水酒精清洗触点氧化层；②更换损坏的元件。

（4）故障四：电阻挡不能使用

产生原因：①电池失效；②电阻挡电阻损坏；③电池正负极与接触片没有接触上或接触片连线不通；④表头公共电路部分电阻测量线路与表头串联的专用电阻不通；⑤电阻挡调零电阻接触不良。

解决方法：①更换失效电池；②更换损坏的电阻；③调整好触片位置使之与电池正负极接触好；④更换电阻测量线路中与表头串联的专用电阻；⑤清洗电阻挡调零电阻。

（5）故障五：交流挡不能使用

产生原因：①整流电路中有二极管损坏；②交流电压挡专用的与表头串联的电阻断路；③交流电压挡中最小量程中的分压电阻损坏。

解决方法：①更换损坏的整流二极管；②检查与表头串联的电阻是否损坏或接触不良，如是，更换重焊；③检查最小电压挡的分压电阻是否损坏，如是则更换。

（6）故障六：各挡指示无规律变化

产生原因：转换开关位置串动（MF-30、MF-40等类型的表易出现）。

解决方法：正确调整好开关位置，并使开关触点接触好每一挡触点位置。

（7）故障七：交流测量时，指针有抖动现象

产生原因：①可能是轴承与轴尖配合太松，使指针晃动；②电路中旁路电容变质。

解决方法：①重新调整好轴承与轴尖的间隙；②更换变质的电容。

技 能 训 练

一、51 开发板的焊接

1. 51 开发板焊接步骤

伟煌 S51V 板的特点是组件密集，焊点多，焊接技术要求高。共有组件 120 个，焊点 700 个，而电路板面积只有 130mm×90mm。此 PCB 板（印制电路板）信息如图 7-33 所示。

本 PCB 板焊接实训是高校学生进行电路板焊接实习的较好项目。此电路板焊接要求使用尖烙铁（一把 25W 左右，一把 45W 左右，大功率用于焊接周围有铺铜的焊点，小功率用于焊接周围无铺铜的焊点）。焊接之前，应在废电路板上多练习焊接技术，总结经验，提高基本功，这样成功的概率会大一些。根据经验其焊接过程可大致分为几步（请各位同学一定注意焊接方向，在元件清单中和焊接顺序中均有方向说明，不清楚的可咨询指导老师），下面详细叙述操作过程。

焊接完成的 51 开发板如图 7-34 所示。

图 7-33 伟煌 S51V 板信息

图 7-34 焊接完成的 51 开发板

板上元件清单如表 7-2 所示。

表 7-2 51 开发板元件清单

序号	模块	编号	原理图名称	元器件名称	规格参数
1	单片机模块	U_1	STC89C52	STC89C52	
2	晶振模块	Y_1	CRYSAL	晶振	11.0592MHz
3		C_1	CAP	瓷片电容	30pF
4		C_2	CAP	瓷片电容	30pF
5	复位模块	SW_1	BUTTON 44	按键开关	6mm×6mm×5mm
6		R_1	RES	电阻	1kΩ，直插
7		R_2	RES	电阻	10kΩ，直插
8		C_3	CAP+	电解电容	10μF
9	串口通信模块	DB_1	CK9	串口	
10		U_2	MAX232CPE	MAX232CPE	
11		C_4	CAP	瓷片电容	104
12		C_5	CAP	瓷片电容	104
13		C_6	CAP	瓷片电容	104
14		C_7	CAP	瓷片电容	104
15		C_8	CAP	瓷片电容	104
16	电源模块	USB	USB	USB 口	
17		SW_2	BUTTON 66	自锁开关	8mm×8mm（6 脚）

序号	模块	编号	原理图名称	元器件名称	规格参数
18	电源模块	R_3	RES	电阻	1kΩ，直插
19		C_9	CAP+	电解电容	10μF
20		VD_0	LED	发光二极管	3mm 直插式 红色
21	IO 接口模块	J_3	CON8	排针	8P
22		J_4	CON8	排针	8P
23		J_5	CON8	排针	8P
24		J_6	CON8	排针	8P
25		P_1	CON9	排阻	10kΩ
26		P_2	CON9	排阻	1kΩ
27	LED 模块	VD_1	LED	发光二极管	3mm 直插式 红色
28		VD_2	LED	发光二极管	3mm 直插式 红色
29		VD_3	LED	发光二极管	3mm 直插式 红色
30		VD_4	LED	发光二极管	3mm 直插式 红色
31		VD_5	LED	发光二极管	3mm 直插式 红色
32		VD_6	LED	发光二极管	3mm 直插式 红色
33		VD_7	LED	发光二极管	3mm 直插式 红色
34		VD_8	LED	发光二极管	3mm 直插式 红色
35	数码管模块	U_3	4BIT_NLED	4 位共阳数码管	
36		VT_1	PNP	三极管	8550，直插
37		VT_2	PNP	三极管	8550，直插
38		VT_3	PNP	三极管	8550，直插
39		VT_4	PNP	三极管	8550，直插
40		R_4	RES	电阻	1kΩ，直插
41		R_5	RES	电阻	1kΩ，直插
42		R_6	RES	电阻	1kΩ，直插
43		R_7	RES	电阻	1kΩ，直插
44	按键模块	S_1	BUTTON 44	按键开关	6mm × 6mm × 5mm
45		S_2	BUTTON 44	按键开关	6mm × 6mm × 5mm
46		S_3	BUTTON 44	按键开关	6mm × 6mm × 5mm
47		S_4	BUTTON 44	按键开关	6mm × 6mm × 5mm

以上元件中，SMT 封装的器件已经焊接在 PCB 板上，插针元件焊接方式详述如下。

（1）元器件清点

将清点好的元件摆放在纸上，注明元件名称和参数。为所有元器件整形。

① 先将单排插针分开。

② 将所有 7805 引脚折弯，以便插到电路板上。注意：绝对不能在组件引脚根部反复折弯，因为这样引起的组件内部接触不良造成的故障是很难维修的。

③ 检查 IC 座所有引脚是否偏移原位，偏移的在整形后插在塑料泡沫板上待用。

（2）焊接步骤

① 焊接原则：先焊小元件，再焊大元件；先焊中间元件，再焊外围元件。小型组件有：

晶振；中型组件：7805、电解电容、按键、耳机座、芯片座；大型组件：排针、电源插座、USB 插座、电位器。

② 焊接顺序：按照图 7-35 所示，按顺序焊接。

焊接顺序号	名称	备注
1	12M 晶振	
2	11.0592M 晶振	
3	1μF 电容 2 只	需区分正、负极
4、5	10μF 电解电容 3 只	需区分正、负极
6	10K 排阻 1 只	有方向，需注意
7	1K 排阻 1 只	有方向，需注意
8	L7805 芯片	有方向，需注意
9	1K 电位器 1 只	
10	10K 电位器 1 只	
11	18 脚插针座 1 只	
12	蜂鸣器	需区分正、负极
13	电源插座	
14	USB 口插座	
15	LED 数码管 2 只	有方向，需注意
16	CPU 芯片插座	有方向，需注意
17	黄色继电器	
18	小按键 5 只+16 只	
19	双排 8 脚插针	长脚在上，短脚在下
20	双排 3 脚插针	
21	单排 3 脚插针	
22	单排 2 脚插针	
23	DS18B20 温度传感器	有方向，需注意

图 7-35　焊接顺序及列表

（3）焊接结束后的处理

① 剪断已焊接组件多余的引脚（长度为 1mm 左右）。

② 在焊接集成电路插座前，一定要先检查插座的脚是否都插入焊孔内，确定无误后再焊接。

③ 蜂鸣器、电解电容要焊接两条插脚，并区分正、负极，然后插入电路板上再焊接。

④ 所有插针不能插反焊接。

⑤ LED 数码管不能焊反。

⑥ 排阻不能焊到 LCD 插座上。

⑦ 两只晶振位置不要焊错。

⑧ 排阻上小白点位置为 1 脚，焊接到板上的小白框内的焊盘上。

⑨ DS18B20 一定注意不要焊反 。

2．跳线设置

（1）液晶-数码：液晶。

（2）小灯-键盘：小灯。

（3）P0、P1、P2、P3 全部插上跳线。

（4）温度不插。

（5）触点不插。

（6）USB 不插。

3．考核要求

线路板焊接好后，检查正常后上电。板上能够完成如下功能。

（1）跳线正确连接后，上电运行能正确下载程序。

（2）上电后，能运行流水灯程序。

（3）数码管从左到右正确显示。

4．检查测量

（1）将已经烧录好的芯片插在插座上，用万用表检测主要焊点焊接牢固，确认电路没有正负极短接。电源测试点电压：5V、3.3V 输出电压正常。

（2）接上电源，板上功能运行正常。

（3）如果发现有测试点电压没有达到要求，按如下步骤检测。

① 观察是否有组件漏焊。

② 电解电容的方向是否弄错。

③ 根据电路原理图检查电阻电容的值是否正确。

二、51 开发板的性能特点

51 开发板在设计上结合了诸多方面的考虑，性能稳定、资源丰富、方便扩展，综合起来有以下特点。

（1）电源采用 USB 供电方式。

（2）直接用串口线，将开发板与计算机串口相连，使用 STC_ISP 下载软件，按照 STC 单片机下载软件操作便可下载。

（3）板上资源丰富，涵盖单片机的大部分知识点，通过实例引入知识点。

（4）提供丰富的实验例程，实验例程划分等级难度，所有实验提供 C 程序，便于初学者入门和提高。

（5）实验例程编程规范、简洁，易培养初学者良好的编程习惯。

（6）单片机的 32 个 I/O 接口全部引出，方便用户扩展开发。

（7）专业、巧妙的编程思想及规范和高效的综合演示程序带领用户进入到一个较高的软件应用水平。

（8）开发板外表美观，使用安全。

（9）采用双面电路板设计，焊盘经特别设计，反复焊接不会脱落。

三、51 开发板的作用

（1）1602 液晶屏显示实验。可以作数字、字符等显示（接口引出，提供例程）。

（2）12864/240128 液晶屏显示实验，可以显示字符、图像、中文等（接口引出，提供例程）。

（3）两个 4 位共阴极数码管动态显示试验（学习共阳原理，接口引出自由灵活，可以用于显示时间、日期、AD 值、DA 值、红外编码值、按键扫描值等多种用途，提供例程）。

（4）1 位共阳数码管静态显示实验（学习共阴原理，可以直接由单片机管脚驱动、也可以由 74HC595 驱动，接口引出自由灵活，由学员自由组合成多种功能，提供例程）。

（5）红外遥控实验（接口引出，提供例程）。

（6）步进马达实验（接口引出，接五线四相步进马达，提供例程）。

（7）4×3 的矩阵键盘实验（用于按键扫描试验，接口引出自由灵活，可以与单片机的任意管脚相接，提供例程）。

（8）8 个独立按钮输入实验（接口引出自由灵活，可以连 74HC165 并入串出，也可以直接连单片机 P0～P3 口，方便学习者做"外中断 INT0、INT1""外定时器 T0、T1"实验，提供例程）。

（9）8 路 LED 灯显示实验（接口引出自由灵活，可以直接由单片机管脚驱动、也可由 74HC595 驱动，接口引出由用户自由组合成多种功能，可以做跑马灯、流水灯、花样彩灯、各种信号灯等试验，提供例程）。

（10）8 路动静态 LED 灯显示实验，可以动态 LED 显示和静态 LED 显示（接口引出自由灵活，可以直接由单片机管脚驱动、也可由 74HC595 驱动，接口引出由用户自由组合成多种功能，可以做跑马灯、流水灯、花样彩灯、各种信号灯等试验，提供例程）。

（11）双色 8×8LED 点阵显示实验，可以显示中文、字母、图形（接口引出自由灵活，可以直接由单片机管脚驱动，也可由 595 驱动，提供例程）。

（12）蜂鸣器发声实验（可以进行音乐、报警、响铃实验，提供例程）。

（13）RTC 实时时钟 DS1302 实验（年、月、日、时、分、秒，使用 DALLAS 芯片，时间准、精度高、稳定，提供例程）。

（14）工业级 AD/DA 转换实验（其中有 4 路模拟输入、1 路模拟输出，接口引出供学员外接各类传感器。此芯片为工业应用常采用的芯片，提供例程）。

（15）A24C02（EEPROM）数据存储实验。

（16）DS18b20 温度传感器实验（检测温度，接口引出，提供例程）。

（17）165 并入串出实验（输入锁存器，可用于扩展 I/O，接口引出自由灵活，由学员自由组合成各种功能，提供例程）。

（18）595 串入并出实验（输出锁存器，可用于扩展 I/O，接口引出自由灵活，由学员自由组合成各种功能，如 LED、LED 点阵、LED 数码管等，提供例程）。

（19）LS138 译码器实验（接口引出，可以控制数码管和 LED 灯，提供例程）。

（20）达林顿 ULN2003 驱动实验（输出电流可以达到 1A，可以驱动步进马达、直流电机和变频器等设备，提供例程）。

（21）74HC14 反向器实验，提供例程。

（22）74HC573 锁存器实验，提供例程。

（23）MAX232 串口通信和 TTL 电平实验（串口通信口，可以直接 PC 串口与 PC 通信，也可以用 USB 转串口线，提供例程）。

（24）继电器输出实验（可以和 AD 配合组成模数控制电路，通过 PID 算法可以恒温控制和模糊控制等，提供例程）。

（25）支持 PS/2 电脑键盘接入实验（通过 PS/2 通信协议把电脑键盘与单片机连接，可获得大量的输入按钮，使此板的功能更加强大，提供例程）。

（26）USB 通信和 TTL 电平实验（USB 通信口，此板电路集成了供电、烧录程序、通信、仿真于一体的接口，无需电源线、DB9 串口通信线、USB 转串口线）。

（27）ISP 功能，使用电脑直接烧录程序，无需另外购买编程器和仿真器（省钱又方便试验）。

（28）Atmel 的 ISP 接口（支持 Atmel 89 系列和 AVR AT90S8515、Atmega 8515 型号单片机）。

（29）提供了实时时钟（PCF8563）的后备电源（掉电了时间也能正常走）。

（30）另配了外置 5V 电源插座（方便用户用作别的用途）。

（31）所有单片机所有 I/O 和外部资源接口均引出，让学员能够触类旁通、由浅入深地学习，深挖到单片机和外围芯片的每一个角落。按自己的思想组建的别样功能很容易实现。

（32）STC89 系列增强型 STC89C52 单片机（STC 拥有像 32 位 ARM 处理器一样的 ISP 下载方式，烧录程序时，无需另购编程器、编程器，直接用 USB 或串口烧录，更快更方便。可烧写超过 10 万次，并可以工作在 6T 模式下，又快又稳）。

四、现场管理要求

进入工作现场时，正确穿戴工作服、工作帽，注意自身与他人的工作安全。使用装配材料进行 51 开发板焊接时，应按照正确的使用方法进行操作，防止焊接材料的损坏、丢失。注意团队成员相互间的人身安全，分工合作共同完成开发板焊接。工作结束后，应及时对工作场地进行卫生清洁，使物品摆放整齐有序，做到标准化管理。

考 核 评 价

本项目的考核评价表见表 7-3。

表 7-3   考核评价表

考核项目	考核内容	考核方式	比重
态度	1. 工作现场整理、整顿、清理不到位，扣 5 分 2. 通电发生短路故障，扣 5 分；损坏实训设备，扣 5 分 3. 操作期间不能做到安全、整洁等，扣 5 分 4. 不遵守教学纪律，有迟到、早退、玩手机等违纪现象，每次扣 5 分 5. 进入操作现场，未按要求穿戴装备，每次扣 5 分	学生自评 + 学生互评 + 教师评价	30%

续表

考核项目	考核内容	考核方式	比重
技能	1. 未按照工艺文件要求焊接万用表，扣 5 分 2. 未按规定时间完成万用表焊接，扣 5 分 3. 不会通过书本或网络获取新知识，扣 5 分 4. 不会识别和测试电阻、电位器、二极管等元器件，每一种扣 5 分 5. 不会调试万用表，扣 10 分 6. 进行技能答辩，每答错一次扣 3 分 7. 不会撰写项目报告，扣 10 分	教师评价 + 学生互评	40%
知识	1. 没有掌握 MF47 型万用表的结构、读数、测量的知识，每个知识点扣 2 分 2. 没有了解指针式万用表、数字万用表的各种故障原因及处理方法，每个知识点扣 2 分 3. 没有掌握 MF47 型万用表工作原理知识，每个知识点扣 2 分 4. 没有掌握 51 开发板的正确焊接步骤，扣 5 分 5. 不熟悉 51 开发板的性能特点、作用，扣 5 分 6. 进行知识答辩，每答错一次扣 3 分	教师评价	30%

拓 展 提 高

一、编程器

1. 编程器的概念

编程器（又称烧录器）实际上是一个把可编程的集成电路写上数据的工具，编程器主要用于单片机（含嵌入式）/存储器（含 BIOS）之类的芯片的编程（或称刷写）。

编程器在功能上可分为万用型编程器、量产型编程器、专用型编程器。专用型编程器价格最低，但适用芯片种类较少，适合以某一种或者某一类专用芯片的编程，例如仅仅需要对 PIC 系列编程。全功能通用型一般能够涵盖几乎（不是全部）所有当前需要编程的芯片，由于设计麻烦，成本较高，限制了销量，最终售价极高，适合需要对很多种芯片进行编程的情况。

2. 编程器的使用方法

首先，把编程器与计算机接口及电源连接好，打开电源，运行软件，当计算机显示通信正确时，把器件插入编程器插座，然后锁紧。

① 选择芯片。从主菜单进入"芯片选择"，选择正确元器件。

② 装入文件。进入"文件"菜单，把文件调入缓冲区或者从元器件读入缓冲区。

③ 进入"缓冲区"菜单，检查、修改数据文件（非必要步骤）。

④ 芯片编程。进入"芯片读写"，并执行所需功能。

注意，器件正常插法：绝大多数 DIP 器件采用此方式，即按照编程器 ZIF 插座旁的图示插入，即底线对齐插入。器件特殊插法：极个别器件采用非底线对齐的特殊插法。当选择了此类器件时，屏幕会提示相应的插法图。使用适配器，非 DIP 器件需选用相应封装的适配器。适配器直接叠加在 ZIF 锁紧插座上。适配器的插入除非特殊提示，均采用底线对齐方式。

（1）IC 测试（芯片选择）步骤

编程器能够测试标准逻辑 IC 和 DRAM/SRAM 存储器；并可自动找到标准 TTL 和 CMOS 器件的型号。用户可通过向量编辑修改测试向量，并可以往库中加入用户定义的新器件。TEST.LIB 包括 TTL 和 CMOS 测试向量，可按以下步骤测试逻辑 IC 和 TTL。测试前，要确保硬件安装正确，并且打开编程器。

① 根据插座旁的参考图，把器件插入 ZIF 插座，并且锁定。

② 从主菜单选择"测试→逻辑器件测试"，并按<Enter>键选择。

十 0 1 2 3 4 5 6 7 8 9 10 11 12 13 14 15

十六 0 1 2 3 4 5 6 7 8 9 A B C D E F

代码 0 1 2 3 4 5 6 7 8 9 A b E d E F146

③ 选择元器件名。如果 TEST.LIB 库中无此元器件，将显示出错误信息。

④ 选择"测试"按钮，显示测试结果。若想自动判定器件型号，可选择"测试→自动查找器件型号"。DRAM/SRAM 测试步骤与测试标准逻辑 IC 的步骤相同。

（2）装入文件

此项操作是将硬盘中的文件调入缓冲区。在主菜单中按快捷键<F2>可调出此菜单。

文件可分两类，一类是 JEDEC 文件，另一类是 HEX 文件。这两种文件均接收"*"和"?"通配符，显示所有的文件。选择所需文件名，按<Enter>键即可装入文件。对于 E（E）PROM、串行 PROM 或 MCU 器件类型，选中文件后，将会弹出一个对话框，该对话框由"读文件方式""写到缓冲区方式""缓冲区开始地址（输入行）""文件偏移地址（输入行）""文件长度（输入行）""读文件前设置缓冲区""自动确定文件格式""确认""放弃"按钮组成。按<Tab>键，可在各窗口之间进行切换，用<↑>、<↓>键或鼠标进行内部选择。鼠标单击"放弃"按钮可退出该菜单。

① 读文件方式。在读 16 位/32 位数据文件时，可能要进行该项设置，例如，对于一个 16 位数据文件，需要把奇偶字节分别写到两个芯片中去，就可以先读偶字节到缓冲区，写到一个芯片中，然后读奇字节到缓冲区，写到另一个芯片中，默认状态为"正常"（按字节读入）。

② 写缓冲区方式。在读 16/32 位数据文件时，可能要进行该项设置，例如，对于分成奇偶字节的两个 16 位数据文件，就可以先选择"偶字节"把 16 位偶字节数据文件读入缓冲区的偶数位置，再选择"奇字节"把 16 位奇字节数据文件读入缓冲区的奇数位置，这样就把两个奇偶十六进制数据文件拼接到一起，写到一个芯片上。默认状态为"正常"（按字节顺序写入）。如果读入的数据要复制到不同地址的缓冲区内，在"缓冲区开始地址"项中可设定读入文件在缓冲区放置的起始位置。"读文件前设置缓冲区"中可以设置读文件前对缓冲区的处置，把缓冲区全部设为 00 或 FF，或者不做处理。如果是进行多文件拼接装入，一定要把该设置放在无效的位置上，否则后一次文件读入时，前一次读入的数据将被清除。注意，二进制文件的默认读入，将自动设缓冲区为零。

③ 自动确定文件格式。可自动识别文件格式，对于不能识别的文件格式，将按二进制文件格式对待。弹出本对话框时，系统将自动进行识别。本系统软件支持以下几种格式：

二进制（Binary）、INTEL、MOTOROLAS、TEKTRONIX。也可以通过按键或鼠标自行更改文件格式。一般情况下，非二进制文件都可以改到二进制格式，以二进制方式读入。反过来一般都会出错。

④ 读 JEDEC 文件。如果在菜单"芯片选择"中选择 PLD，那么将从磁盘调入 JEDEC 文件到缓冲区。

⑤ 16/32 位数据文件的装入。某些开发系统产生 16/32 位的目标文件，而应用系统需要把文件分别写到 2/4 芯片中去，或开发系统生成奇偶两个（16 位）或四个（32 位）文件，而应用系统需要把文件合并到一个或两个芯片中去，用本软件可方便地进行转换。详细说明参见"读文件方式"和"写缓冲区方式"。

（3）保存数据

将缓冲区内的内容存入磁盘文件。与菜单"文件→装入文件"类似。在主菜单中用快捷键<F3>键可调出本菜单。如保存 HEX 文件。在菜单"器件选择"中，如果选择 ROM（E/EPROM、PROM、串行 PROM、IC 卡、MCU/MPU），则显示 4 种具有不同 HEX 文件格式的子菜单。4 个菜单具有相同的子菜单，用法一致。子菜单为：二进制（Binary）、INTEL、MOTOROLAS、TEKTRONIX。缓冲区起始地址为：××××××，缓冲区数据长度为：××××××。

（4）编辑步骤

本菜单是编辑管理准备写入芯片的数据以及从芯片读入的数据。在主菜单中用快捷键<F4>可调出本菜单。

① 缓冲区编辑。本命令显示装入缓冲区内的数据以供用户编辑。对于 JEDEC 文件，每个缓冲区地址单元存放 1 bit，数据只能是 0 或 1。对于存储器和单片机，每个缓冲区单元存放一个 8 bit 数据。对于 8 bit 芯片，缓冲区大小即芯片所占的存储单元数。例如：对于 27C256，缓冲区地址从 0 变化至 7FFF，共有 8000H 的单元可供编程。对于 16 bit 芯片，缓冲区大小增加一倍，每两个字节代表一个 16 bit 字。例如，27C240 芯片地址从 0 变化到 3FFF，但它的缓冲区地址从 0 变化至 7FFF。按<Alt+X>组合键，可退出缓冲区编辑。

② 芯片选择。编辑之前要先完成芯片型号的选择。可根据芯片型号或芯片生产厂家来选择元器件。

③ 芯片编程。把缓冲区内的数据烧录（编程）至芯片中。编程过程中或完成后将执行芯片校验功能，在"芯片编程 147 信息"窗口中显示编程结果。如有错误，显示出错信息和出错地址。

（5）芯片空白检查与数据比较

① 芯片空白检查。读芯片内容并与空字符比较。如果芯片非空，将显示非空首地址。如果芯片为 ROM 或单片微控制器，则在指定起始地址和结束地址进行部分空比较。

② 数据比较。本功能与芯片验证相同，但将产生包含芯片数据和缓冲区数据差异的信息。执行完本功能后，信息显示在"芯片编程信息"窗口中。与校验功能不同，遇到第一个不同数据时它不会停下来。操作结束后，退出编程器系统，返回操作系统。

注意：在操作结束之前，不要移动芯片，因为这样有可能损坏芯片！

项目八

点动控制电路的安装与调试

 项目描述

由按钮、继电器、接触器等低压控制电器组成的电气控制线路，具有维修方便、线路简单、成本低廉等优点，一直在各种生产机械的控制领域中获得广泛的应用。不同的控制对象，电气控制线路的复杂程度也不同，但总是由一些基本的控制环节和保护环节组成，每个环节起不同的控制作用。

通过本项目的学习，学生在掌握相关低压电器基本知识的基础上，还应掌握点动控制电路的组成结构、工作原理，能利用常用电工工具与仪表对点动控制电路进行安装、调试与维护，进一步掌握具有过载保护的接触器自锁控制电路的安装与调试。培养自己在工作过程中严格遵守电力拖动安全操作规程的意识，并注意培养团队合作、爱岗敬业、吃苦耐劳的精神。

 学习目标

（1）掌握低压电器的组成、分类和要求以及选用原则。

（2）掌握点动控制的基本概念、工作原理。

（3）能按照要求正确安装与调试点动控制电路。

（4）掌握具有过载保护的接触器自锁控制电路的安装与调试。

（5）能区别点动控制电路与非点动控制电路。

（6）能按照现场管理 6S 要求（整理、整顿、清扫、清洁、素养、安全）安全文明生产。

（7）能与团队协作学习，具有团队合作精神。

（8）能进行学习资料的收集、整理与总结，培养良好的学习习惯。

项 目 制 作

一、所需仪器仪表、工具与材料的领取与检查

1. 所需仪器仪表、工具与材料

刀开关、熔断器、热继电器、交流接触器、按钮、端子排、万用表、常用电工工具及连接导线等。

2. 仪器仪表、工具与材料的领取

领取刀开关、熔断器等器材后，将对应的参数填写到表 8-1 中。

表 8-1　　　　　　　　　　电气线路安装所需仪器仪表、工具与材料

序号	名称	型号	规格与主要参数	数量	备注
1	刀开关				
2	熔断器				
3	热继电器				
4	交流接触器				
5	按钮				
6	端子排				
7	万用表				
8	常用电工工具				
9	连接导线				

3. 检查领取的仪器仪表与工具

① 刀开关、熔断器、热继电器、交流接触器、按钮等是否正常，是否可使用。

② 万用表是否正常，连接导线等材料是否齐全、型号是否正确。

③ 工具数量是否齐全、型号是否正确，能否符合使用要求。

二、穿戴与使用绝缘防护用具

进入实训室或者工作现场，必须穿好工作服（长袖），戴好工作帽，长袖工作服不得卷袖。进入现场必须穿合格的工作鞋，任何人不得穿高跟鞋、网眼鞋、钉子鞋、凉鞋、拖鞋等进入工作现场。

- 确认工作者穿好工作服。
- 确认工作者紧扣上衣领口、袖口。
- 确认工作者穿上绝缘鞋。
- 确认工作者戴好工作帽。

三、现场管理及仪器仪表、工具与材料的归还

（1）制作完成后，应及时对工作场地进行卫生清洁，使物品摆放整齐有序，保持现场的整洁，做到工作现场管理标准化（6S）。

（2）仪器仪表、工具与材料使用完毕后，应归还至相应管理部门或单位。

① 归还刀开关、熔断器、热继电器、按钮、端子排、万用表、常用电工工具及连接导线等。

② 归还交流接触器以及相应材料。

相 关 知 识

一、低压电器分类

1. 低压电器的组成

低压电器的基本结构主要由 3 个环节组成，如图 8-1 所示。感应机构感受外界信号，如电压、电流、功率、频率等，并根据所感应的信号做出有规律的反应。在自动控制电器中，感应部分大多由电磁机构组成；在手动控制电器中，感应机构通常是操作手柄等。

图 8-1　低压电器基本结构的组成环节

另一个重要环节是执行机构部分，如触点（也叫触头）连同灭弧系统，它根据指令，执行电路接通、切断等任务，以实现变换、控制、保护、检测电路等职能。对于自动空气开关类的低压电器，还具有中间机构（传递）部分，它的任务是把感应和执行两部分联系起来，将输入信号变换、放大并传递给执行机构，使它们协同一致，按一定的规律动作。

2. 低压电器的分类

低压电器种类繁多，分类方法有很多种。根据低压电器在电气线路中所处的地位和作用，通常按以下 3 种方式进行分类。

（1）按动作方式分类

① 手动控制电器：依靠外力（如工人）直接操作来进行切换的电器，如刀开关、按钮等。

② 自动控制电器：依靠指令或物理量（如电流、电压、时间、速度等）变化而自动动作的电器，如接触器、继电器等。

（2）按用途分类

① 低压控制电器：主要在低压配电系统及动力设备中起控制作用，控制电路的接通、分断及电动机的各种运行状态，如刀开关、接触器、按钮等。

② 低压保护电器：主要在低压配电系统及动力设备中起保护作用，保护电源和线路或电动机，避免它们在短路状态和过载状态下运行，如熔断器、热继电器等。

有些电器既有控制作用，又有保护作用。如行程开关既可控制行程，又能作为极限位置的保护；自动开关既能控制电路的通断，又能起短路、过载、欠压等保护作用。

（3）按执行机理分类

① 有触点电器：这类电器具有动触点和静触点，利用触点的接触和分离来实现电路的通断。

② 无触点电器：这类电器无触点，主要利用晶体管的开关效应（即导通或截止）来实

现电路的通断。

3. 对低压电器的要求及选用原则

（1）对低压电器的主要要求

① 一对矛盾：开与关，保证工作可靠性。

② 两项要求：机械寿命和电寿命。

③ 三个环节：感应机构、中间机构和执行机构。

④ 四种状态：闭合状态、断开过程、断开状态、闭合过程。

（2）选用低压电器时应遵循的原则

① 安全原则：安全可靠是对任何电器的基本要求，保证电路和用电设备的可靠运行是正常生活与生产的前提。例如，用手操作的低压电器要确保人身安全，金属外壳要有明显的接地标志等。

② 经济原则：经济性包括电器本身的经济价值和使用该种电器产生的价值。前者要求使用合理，后者要求运行可靠，不能因故障而引起各类经济损失。

根据低压电器的要求及选用原则，在选用低压电器时，不仅要明确控制对象的分类和使用环境，还要明确有关的技术数据，如控制对象的额定电压、额定功率、操作特性、启动电流等。要了解电器的正常工作条件，如周围温度、湿度、海拔、震动和防御有害气体等。了解电器的主要技术性能，如用途、种类、控制能力、通断能力和使用寿命等。在此基础上，才能正确选用低压电器，使其在机电控制系统中充分发挥作用。

二、开关及主令电器

1. 刀开关

（1）刀开关的结构

刀开关有开启式负荷开关和封闭式负荷开关之分，以开启式负荷开关为例，它的结构示意图和符号如图8-2所示。

刀开关的瓷底板上装有进线座、静触点、熔丝、出线座和刀片式的动触点，外面装有胶盖，不仅可以保证操作人员不会触及带电部分，并且分断电路时产生的电弧也不会飞出胶盖而灼伤操作人员。图8-3所示为HK2系列刀开关的结构和外形图，它是由刀开关和熔断体组合而成的一种电器，装置在一块瓷底板上，上面覆着胶盖以保证用电安全。

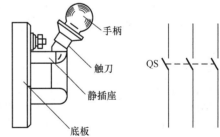

图 8-2　刀开关结构示意图和符号

刀开关结构简单，操作方便，熔丝（又称保险丝）动作后（即熔断后），只要加以更换即可。这种开关可用作小容量交流异步电动机的不频繁直接启动和停止控制，以及电路的隔离开关、小容量电源的开关等。

（2）刀开关的选择与使用

① 刀开关的选择。

• 用于照明或电热负载时，负荷开关的额定电流等于或大于被控制电路中各负载额定电流之和。

• 用于电动机负载时，开启式负荷开关的额定电流一般为电动机额定电流的3倍；封闭式负荷开关的额定电流一般为电动机额定电流的 1.5 倍。

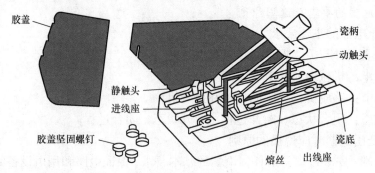

图 8-3　HK2 系列刀开关的结构和外形图

② 刀开关的使用。

● 负荷开关应垂直安装在控制屏或开关板上使用。

● 对负荷开关接线时，电源进线和出线不能接反。开启式负荷开关的上接线端应接电源进线，负载则接在下接线端，以便于更换熔丝。

● 封闭式负荷开关的外壳应可靠接地，防止意外漏电使操作者发生触电事故。

● 更换熔丝应在开关断开的情况下进行，且应更换与原规格相同的熔丝。

（3）刀开关型号含义及技术参数。

刀开关的型号含义如图 8-4 所示。

刀开关的技术参数如表 8-2 所示，常见故障及修理方法如表 8-3 所示。

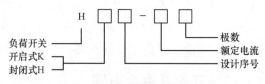

图 8-4　刀开关的型号含义

表 8-2　　　　　　　　　　刀开关技术参数

系列	结构特点	性能及使用范围
HK	胶盖瓷座闸刀开关	电灯、电阻、电热等回路控制开关，分支线路控制开关 三极开关在适当降低容量使用时，也可作异步电机不频繁启动停止之用
HD（单投） HS（双投）	开启式刀开关	用于交流 50Hz，380V；直流 440V，1500A 以下低压或成套配电装置中不频繁手动接通和分断电路或隔离开光作用
HD11、HS11 HD12、HS12 HD13、HS13 HD14		用于磁力站中，仅作隔离开关用 用于正面两侧方操作、前面维修的开关柜中 用于正面操作、后面维修的开关柜中 动力配电箱中
HH	铁壳开关 开关级数：2、3 极	适用于工矿企业、农村电力灌溉和电热、照明等各种配电设备中，供不频繁手动接通和分断负载电路使用，具有短路保护 也可作交流异步电机的不频繁启动和停止之用
HH10D	开关熔断器组	作不频繁地接通和分断有载电路及线路的过载、断路保护之用
HR11	熔断器式开关	适用于工业电气设备配电系统中，作为不频繁地接通与分断负载电路及线路的过载保护之用
HR3		工业企业配电网络中，作为电气设备及线路的过载和短路保护用，以及正常情况下不频繁的接通和分断电路
HR5	熔断器式隔离开关	用于有高短路电流的配电电路和电动机电路中，作为电源开关、隔离开关和应急开关，并对电路进行保护。一般不作为直接开闭单台电动机之用

续表

系列	结构特点	性能及使用范围
HG1	熔断器式隔离器	高短路电流的配电电路和电动机电路中，作为电源隔离器和电路保护之用
HD18	空气式隔离器	适用于工业企业低压配电系统及冶炼、电解、电镀、交通、整流设备中，主要用于负载切除以后能将线路与电源隔离，以保证检修人员的安全
HZ10	组合开关	适用于交流 50Hz、380V 及以下；直流 220V 及以下电气线路中，作接通和分断电路用，换接电源和负载，测量三相电压，调节电加热器的串、并联，控制小型异步电机正反转之用 注：本系列不能作为频繁操作的手动开关
HZ15		交流 50/60Hz、380V 及以下，直流 220V 及以下电气线路中，供手动不频繁接通或分断电路，转换电路之用 也可直接开闭小容量交流电动机
QSA、QA（P） （丹麦进口）	隔离开关熔断器组	额定工作电压 380~660V，做电源开关、隔离开关、应急开关用，并对电路进行保护 开关配用旋转操作手柄，手柄具有联锁、通断指示功能 操作机构有储能弹簧，以实现无关人力合分操作

表 8-3　　　　　　　　　　　刀开关常见故障及修理方法

故障现象	可能原因	处理方法
操作手柄带电	① 外壳未接地或接地线松脱 ② 电源进出线绝缘损坏碰壳	① 检查后，加固接地导线 ② 更换导线或恢复绝缘
夹座（静触头）过热或烧坏	① 夹座表面烧毛 ② 闸刀与夹座压力不足 ⑤ 负载过大	① 用细锉修整夹座 ② 调整夹座压力 ③ 减轻负载或更换大容量开关

2. 组合开关

（1）概念

组合开关又称转换开关，作为控制电器，常用于交流 380V 以下和直流 220V 以下的电气线路中，手动不频繁地接通或分断电路，也可控制小容量交、直流电动机的正反转，星-三角启动和变速换向等。它的种类很多，有单极、双极、三极和四极等。常用的是三极的组合开关，其外形、符号如图 8-5 所示。

（2）组合开关的结构与工作原理

组合开关的结构如图 8-6 所示。组合开关由 3 个分别装在 3 层绝缘件内的双断点桥式动触片、与盒外接线柱相连的静触点、绝缘方轴、手柄等组成。动触片装在附有手柄的绝缘方轴上，方轴随手柄而转动，于是动触片随方轴转动并变更与静触片分、合的位置。

组合开关常用作电源的引入开关，起到设备和电源间的隔离作用，但有时也可以用来直接启动和停止小容量的电动机、接通和断开局部照明电路。

（3）组合开关的选择与使用

① 组合开关的选择。

• 用于照明或电热电路时，组合开关的额定电流应等于或大于被控制电路中各负载电流的总和。

• 用于电动机电路时，组合开关的额定电流一般取电动机额定电流的 1.5 ~ 2.5 倍。

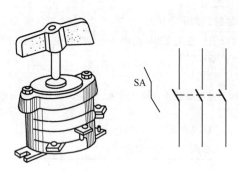

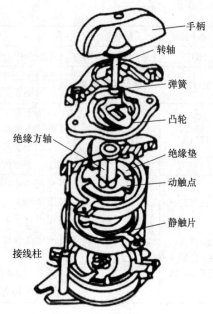

图 8-5　组合开关的外形和符号　　　　　　图 8-6　组合开关的结构图

② 组合开关的使用。

• 组合开关的通断能力较低，用于控制电动机作可逆运转时，必须在电动机完全停止转动后，才能反向接通。

• 当操作频率过高或负载的功率因数较低时，转换开关要降低容量使用，否则会影响开关寿命。

（4）组合开关型号含义及技术参数

组合开关的型号含义如图 8-7 所示。

组合开关的技术参数如表 8-4 所示，常见故障及修理方法如表 8-5 所示。

图 8-7　组合开关型号含义

表 8-4　　　　　　　　　　　　　　　　　组合开关技术参数

型号	额定电压/V	额定电流/A	极数	极限操作电流/A		可控制电动机最大容量和额定电流	
				接通	分断	容量/kW	额定电流/A
HZ10-10	交流 380	6	单极	94	62	3	7
		10					
HZ10-25		25	2、3	155	108	5.5	12
HZ10-60		60					
HZ10-100		100					

表 8-5　　　　　　　　　　　　　　组合开关常见故障及修理方法

故障现象	产生原因	修理方法
手柄转动后，内部触点未动作	① 手柄的转动连接部件磨损 ② 操作机构损坏 ③ 绝缘杆变形 ④ 轴与绝缘杆装配不紧	① 调换手柄 ② 修理操作机构 ③ 更换绝缘杆 ④ 紧固轴与绝缘杆

续表

故障现象	产生原因	修理方法
手柄转动后, 3 副触点不能同时接通或断开	① 开关型号不正确 ② 修理开关时触点装配不正确 ③ 触点失去弹性或有尘污	① 更换开关 ② 重新装配 ③ 更换触点或清除污垢
开关接线柱间短路	因铁屑或油污附着在接线柱间形成导电,将胶木烧焦或破坏绝缘形成短路	清扫开关或调换开关

3. 自动空气开关

（1）概念

自动空气开关又称为自动开关或自动空气断路器。它既是控制电器, 同时又具有保护电器的功能。当电路中发生短路、过载、失压等故障时, 自动空气开关能自动切断电路。在正常情况下也可用作不频繁接通和断开电路的开关或控制电动机。图 8-8 所示为自动空气开关的外形、结构示意图和符号。

（a）外形

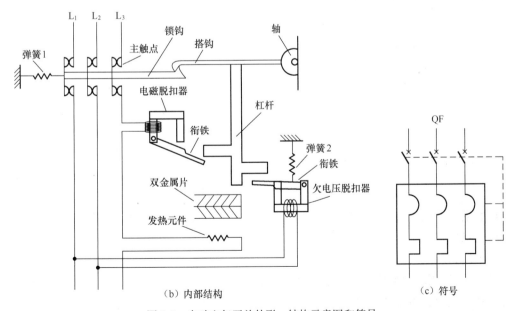

（b）内部结构   （c）符号

图 8-8 自动空气开关外形、结构示意图和符号

（2）工作原理

如图 8-8（b）所示，主触点通常由手动的操作机构来闭合，闭合后主触点被锁钩锁住。如果电路中发生故障，脱扣机构就在有关脱扣器的作用下将锁钩脱开，于是主触点在释放弹簧 1 的作用下迅速分断。

脱扣器有过流脱扣器、欠压脱扣器和热脱扣器 3 种，它们都是电磁铁。在正常情况下，过流脱扣器的衔铁是释放着的，一旦发生严重过载或短路故障时，与主电路相串的线圈将产生较强的电磁吸力吸引衔铁，而推动杠杆顶开锁钩，使主触点断开。欠压脱扣器的工作恰恰相反，在电压正常时，吸住衔铁，才不影响主触点的闭合，一旦电压严重下降或断电时，电磁吸力不足或消失，衔铁被释放而推动杠杆，使主触点断开。当电路发生一般性过载时，过载电流虽不能使过流脱扣器动作，但能使热脱扣器产生一定的热量，促使双金属片受热向上弯曲，推动杠杆使搭钩与锁钩脱开，将主触点分开。

自动开关广泛应用于低压配电线路上，也可用于控制电动机及其他用电设备。

（3）自动空气开关的选择和使用

① 自动空气开关的选择。

• 自动空气开关的额定工作电压≥电路额定电压。

• 自动空气开关的额定电流≥电路计算负载电流。

• 热脱扣器的整定电流＝所控制负载的额定电流。

② 自动空气开关的使用。

• 当断路器与熔断器配合使用时，熔断器应装于断路器之前，以保证使用安全。

• 电磁脱扣器的整定值不允许随意更改，使用一段时间后应检查其动作的准确性。

• 断路器在分断短路电流后，应在切除前级电源的情况下及时检查触点。如有严重的电灼痕迹，可用干布擦去；若发现触点烧毛，可用砂纸或细锉小心修整。

（4）自动空气开关的型号含义和技术参数

自动空气开关的型号含义如图 8-9 所示。

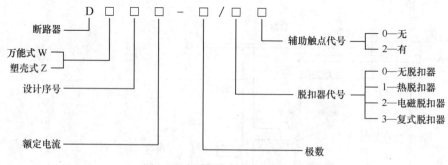

图 8-9　自动空气开关的型号含义

自动空气开关的技术参数如表 8-6 所示，常见的故障及修理方法如表 8-7 所示。

4. 按钮

（1）概念

按钮是一种手动电器，通常用来接通或断开小电流控制的电路。它不直接去控制主电路的通断，而是在控制电路中发出"指令"去控制接触器、继电器等电器，再由它们去控制主电路。

表 8-6　　　　　　　　　　　　　　　　自动空气开关技术参数

型号	额定电压/V	额定电流/A	极数	脱扣器类别	热脱扣器额定电流/A	电磁脱扣器瞬时动作整定值/A
DZ5-20/200	交流380	20	2	无脱扣器	—	—
DZ5-20/300			3			
DZ5-20/210			2	热脱扣器	0.15（0.10~0.15）	为热脱扣器额定电流的 8~12 倍（出厂时整定为 10 倍）
DZ5-20/310			3		0.20（0.15~0.20）	
DZ5-20/220	直流220		2	电磁脱扣	0.30（0.20~0.30）	为热脱扣器额定电流的 8~12 倍（出厂时整定为 10 倍）
DZ5-20/320			3		0.45（0.30~0.45）	
DZ5-20/230			2	复式脱扣	1（0.65~1） 1.5（1~1.5）	
DZ5-20/330			3		3（2~3） 4.5（3~4.5） 10（6.5~10） 15（10~15）	

表 8-7　　　　　　　　　　　　　　　自动空气开关常见故障及修理方法

故障现象	产生原因	修理方法
手动操作断路器不能闭合	① 电源电压太低 ② 热脱扣器的双金属片尚未冷却复原 ③ 欠压脱扣器无电压或线圈损坏 ④ 储能弹簧变形，导致闭合力减小 ⑤ 反作用弹簧过大	① 检查线路并调高电源电压 ② 待双金属片冷却后再合闸 ③ 检查线路，施加电压或调换线圈 ④ 调换储能弹簧 ⑤ 重新调整弹簧反力
电动操作断路器不能闭合	① 电源电压不符 ② 电源容量不够 ③ 电磁铁拉杆行程不够 ④ 电动机操作定位开关变位	① 调换电源 ② 增大操作电源容量 ③ 调整或调换拉杆 ④ 调整定位开关
电动机启动时断路器立即分断	① 过流脱扣器瞬时整定值太小 ② 脱扣器某些零件损坏 ③ 脱扣器反力弹簧断裂或落下	① 调整瞬间整定值 ② 调换脱扣器或损坏的零部件 ③ 调换弹簧或重新装好弹簧
分励脱扣器不能使断路器分断	① 线圈短路 ② 电源电压太低	① 调换线圈 ② 检修线路调整电源电压
欠压脱扣器噪声大	① 反作用弹簧力太大 ② 铁心工作面有油污 ③ 短路环断裂	① 调整反作用弹簧 ② 清除铁心油污 ③ 调换铁心
欠压脱扣器不能使断路器分断	① 反力弹簧弹力变小 ② 储能弹簧断裂或弹簧力变小 ③ 机构生锈卡死	① 调整弹簧 ② 调换或调整储能弹簧 ③ 清除锈污

按钮一般由按钮帽、复位弹簧、动触点、静触点和外壳等组成。

按钮根据触点结构不同，可分为常开按钮、常闭按钮，以及将常开和常闭封装在仪器里的复合按钮等几种。图 8-10 所示为按钮结构示意图及符号。

（2）工作原理

图 8-10（a）所示为常开按钮，平时触点分开，手指按下时触点闭合，松开手指后触点分开，常用作启动按钮。图 8-10（b）所示为常闭按钮，平时触点闭合，手指按下时触

点分开，松开手指后触点闭合，常用作停止按钮。图 8-10（c）所示为复合按钮，一组为常开触点，一组为常闭触点，当手指按下时，常闭触点先断开，继而常开触点闭合，松开手指后，常开触点先断开，继而常闭触点闭合。

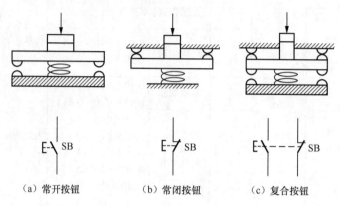

| （a）常开按钮 | （b）常闭按钮 | （c）复合按钮 |

图 8-10　按钮结构示意图和符号

除了这几种常见的直上直下的操作按钮（即揿钮式按钮）之外，还有自锁式、紧急式、钥匙式和旋转式按钮，图 8-11 所示为这些按钮的外形。

| （a）自锁式 | （b）钥匙式 | （c）紧急式 | （d）旋转式 |

图 8-11　各种按钮的外形

其中紧急式表示紧急操作，按钮上装有蘑菇形钮帽，颜色为红色，一般安装在操作台（控制柜）明显位置之上。

按钮主要用于操纵接触器、继电器或电气联锁电路，以实现对各种运动的控制。

（3）按钮的选用原则

① 根据使用场合的不同，选择按钮的型号和形式。

② 按工作状态指示和工作情况的要求，选择按钮和指示灯的颜色。

③ 按控制回路的需要，确定按钮的触点形式和触点的组数。

④ 按钮用于高温场合时，易使塑料变形老化而导致松动，引起接线螺钉间相碰短路，可在接线螺钉处加套绝缘塑料管来防止短路。

⑤ 带指示灯的按钮因灯泡发热，长期使用易使塑料灯罩变形，应降低灯泡电压，以延长使用寿命。

（4）按钮型号含义及技术参数

LAY1 系列按钮的型号含义如图 8-12 所示。

LAY1 系列按钮基本参数如表 8-8 所示，

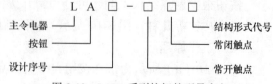

图 8-12　LAY1 系列按钮的型号含义

按钮颜色代表的意义如表 8-9 所示，表 8-10 给出了常用按钮标牌名称的中英文对照，表 8-11 给出了按钮常见故障与修理办法。

表 8-8　　　　　　　　　　　　　　LAY1 系列按钮基本参数

型号	电压/V	电流/A	结构形式	触点对数		基座级数	触点盒数
				动合（常开）	动断（常闭）		
LAY1-01	交流 380 直流 220	5	平按钮	0	1	1	1
LAY1-22				2	2	1	2
LAY1-20				2	0	1	2
LAY1-12				1	2	1	2
LAY1-03				0	3	2	3
LAY1-13				1	3	2	3
LAY1-23				2	3	2	3
LAY1-41				4	1	2	4
LAY1-24				2	4	2	4
LAY1-43				4	3	2	4

表 8-9　　　　　　　　　　　　　　LAY1 系列按钮颜色代表的意义

颜色	代表意义	典型用途
红	停车、开断	① 一台或多台电动机的停车 ② 机器设备的一部分停止运行 ③ 磁力吸盘或电磁铁的断电 ④ 停止周期性的运行
	紧急停车	① 紧急开断 ② 防止危险性过热的开断
绿或黑	启动、工作、点动	① 辅助功能的一台或多台电动机开始启动 ② 机器设备的一部分启动 ③ 点动或缓行
黄	返回的启动、移动出界、正常工作循环或移动一开始去抑止危险情况	① 在机械已完成一个循环的始点，机械元件返回 ② 按黄色按钮可取消预置的功能
白或蓝	以上颜色所未包括的特殊功能	① 与工作循环无直接关系的辅助功能控制 ② 保护继电器的复位

表 8-10　　　　　　　　　　　　　　常用中英文按钮标牌名称对照

序号	标牌名称		序号	标牌名称	
	英文	中文		英文	中文
1	ON	通	9	FAST	高速
2	OFF	断	10	SLOW	低速
3	START	启动	11	HAND	手动
4	STOP	停止	12	AUTO	自动
5	INCH	点动	13	UP	上
6	RUN	运行	14	DOWN	下
7	FORWARD	正转（向前）	15	RESET	复位
8	REVERSE	反转（向后）	16	EMERGSTOP	急停

表 8-11　　　　　　　　　　　按钮常见故障与修理方法

故障现象	产生原因	修理方法
按下启动按钮时有触电感觉	① 按钮的防护金属外壳与连接导线接触 ② 按钮帽的缝隙间充满铁屑，使其与导电部分形成通路	① 检查按钮内连接导线 ② 清理按钮及触点
按下启动按钮，不能接通电路，控制失灵	① 接线头脱落 ② 触点磨损松动，接触不良 ③ 动触点弹簧失效，使触点接触不良	① 检查启动按钮连接线 ② 检查触点或调换按钮 ③ 重绕弹簧或调换按钮
按下停止按钮，不能断开电路	① 接线错误 ② 尘埃或机油、乳化液等浸入按钮形成短路 ③ 绝缘击穿短路	① 更改接线 ② 清扫按钮并相应采取密封措施 ③ 调换按钮

5. 行程开关

（1）行程开关的概念

行程开关又称为限位开关，它可以完成行程控制或限位保护。其作用与按钮相同，只是其触点的动作不是靠手指按压的手动操作，而是利用生产机械某些运动部件上的挡块碰撞或碰压使触点动作，依次实现接通或分断某些电路，使之达到一定的控制要求。

行程开关的结构示意图和符号如图 8-13 所示。

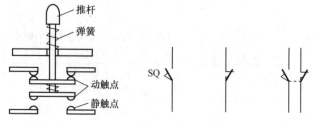

图 8-13　行程开关的结构示意图和符号

（2）行程开关的工作原理

各种系列的行程开关其基本结构大体相同，都是由操作头、触点系统和外壳组成的。操作头接受机械设备发出的动作指令或信号，并将其传递到触点系统，触点再将操作头传递来的动作指令或信号，通过本身的结构功能变成电信号，输出到有关控制回路，使之做出必要的反应。

行程开关的种类很多，常用的有按钮式、单轮旋转式、双轮旋转式行程开关，它们的外形如图 8-14 所示。其中图 8-14（a）所示的按钮式行程开关和图 8-14（b）所示的单轮旋转式行程开关，均为自动复位，与按钮相似，所以称为自复式行程开关；而图 8-14（c）所示的双轮旋转式行程开关，因为触点依靠反向碰撞后复位，所以称为非自复式行程开关。

行程开关被用来限制机械运动的位置或行程，使运动机械按一定位置或行程自动停止、反向运动或自动往返运动等。

（3）行程开关的选择和使用

① 行程开关的选择。

• 根据安装环境选择防护形式，是开启式还是防护式。

• 根据控制回路的电压和电流选择采用何种系统的行程开关。

• 根据机械与行程开关的传力与位移关系选择合适的头部结构形式。

(a) 按钮式　　　　(b) 单轮旋转式　　　　(c) 双轮旋转式

图 8-14　行程开关的外形

② 行程开关的使用。

- 位置开关安装时位置要准确，否则不能达到位置控制盒限位的目的。
- 应定期检查位置开关，以免触点接触不良而达不到行程和限位控制的目的。

（4）行程开关的型号含义和技术参数

行程开关的型号含义如图 8-15 所示。

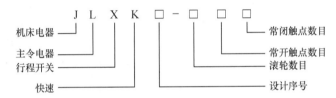

图 8-15　行程开关的型号含义

行程开关的技术参数如表 8-12 所示。表 8-13 所示为行程开关的常见故障及修理方法。

表 8-12　行程开关技术参数

型号	电压/V	电流/A	结构形式	触头对数		工作行程	超行程
				动合（常开）	动断（常闭）		
JLXK1-111	500	5	单轮防护式	1	1	12°～15°	≤30°
JLXK1-211			双轮防护式			12°～45°	≤45°
JLXK1-311			直动防护式			1～3mm	2～4mm
JLXK1-411			直动滚轮防护式			2～4mm	2～4mm

表 8-13　行程开关常见故障及处理方法

故障现象	产生原因	修理方法
挡铁碰撞开关，触点不动作	① 开关位置安装不当 ② 触点接触不良 ③ 触点连接线脱落	① 调整开关的位置 ② 清洗触点 ③ 紧固连接线
位置开关复位，常闭触点不能闭合	① 触杆被杂物卡住 ② 动触点脱落 ③ 弹簧弹力减退或被卡住 ④ 触点偏斜	① 清扫开关 ② 重新调整动触点 ③ 调换弹簧 ④ 调换触点

续表

故障现象	产生原因	修理方法
杠杆偏转后触点未动	① 行程开关位置太低 ② 机械卡阻	① 将开关向上调到合适位置 ② 打开后盖清扫开关

6. 熔断器

（1）熔断器的概念

熔断器是一种广泛应用的最简单有效的保护电器，常在低压电路和电动机控制电路中起过载保护和短路保护作用。它串联在电路中，当通过的电流大于规定值时，使熔体熔化而自动分断电路。

熔断器有管式、插入式、螺旋式等几种形式，其中部分熔断器的外形和符号如图 8-16 所示。

图 8-16　熔断器的外形和符号

（2）熔断器的工作原理

熔断器的主要元件是熔体，它是熔断器的核心部分，常做成丝状或片状。在小电流电路中，常用铅锡合金和锌等低熔点金属做成圆截面熔丝；在大电流电路中则用银、铜等较高熔点的金属制作成薄片，便于灭弧。

熔断器使用时应当串联在所保护的电路中。当电路正常工作时，熔体允许通过一定大小的电流而不会熔断；当电路发生短路或严重过载时，熔体温度上升到熔点而熔断，将电路断开，从而保护了电路和用电设备。

（3）熔断器的选择与使用

① 熔断器的选择。选择熔断器时，主要是正确选择熔断器的类型和熔体的额定电流。

• 熔断器类型的选择：应根据使用场合选择熔断器的类型。电网配电一般用管式熔断器，电动机保护一般用螺旋式熔断器，照明电路一般用瓷插熔断器，保护晶闸管元件则应选择快速熔断器。

• 熔体额定电流的选择：对于变压器、电炉和照明灯负载，熔体的额定电流应略大于或等于负载电流；对于输配电线路，熔体的额定电流应略大于或等于线路的安全电流；对于电动机负载，熔体的额定电流应等于电动机额定电流的 1.5～2.5 倍。

② 熔断器的使用。

• 对不同性质的负载，如照明电路、电动机电路的主电路和控制电路等，应分别保护，并装设单独的熔断器。

• 安装螺旋式熔断器时，必须注意将电源线接到瓷底座的下接线端（即低进高出的原则），以保证安全。

• 瓷插式熔断器安装熔丝时，熔丝应顺着螺钉旋紧方向绕过去，同时应注意不要划伤熔丝，也不要把熔丝绷紧，以免减小熔丝截面尺寸或插断熔丝。

• 更换熔体时应切断电源，并应换上相同额定电流的熔体。

（4）熔断器的型号含义和技术参数

熔断器的型号含义如图 8-17 所示。

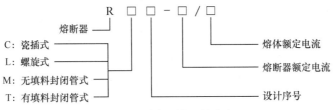

图 8-17 熔断器的型号含义

熔断器的主要技术参数有额定电压、额定电流和极限分断能力，分别介绍如下。

① 额定电压：熔断器长期工作时能够正常工作的电压。

② 额定电流：熔断器长期工作时允许通过的最大电流。熔断器一般起保护作用，负载正常工作时，电流基本不变，熔断器的熔体要根据负载的额定电流进行选择，只有选择合适的熔体，才能起到保护电路的作用。

③ 极限分断能力：熔断器在规定的额定电压下能够分断的最大电流值。它取决于熔断器的灭弧能力，与熔体的额定电流无关。

熔断器的主要技术参数如表 8-14 所示，常见故障及修理方法如表 8-15 所示。

表 8-14　　　　　　　　　　　　　熔断器技术参数

型号	熔管额定电压/V	熔管额定电流/A	熔体额定电流等级/A
RL1-15	交流 500 380 220	15	2，4，6，10，15
RL1-60		60	20，25，30，35，40，50
RL1-100		100	60，80，100
RL1-200		200	100，125，150，200
RL2-25		25	2，4，6，15，20
RL2-60		60	25，35，50，60
RL2-100		100	80，100
RM7-15	交流 380 220 直流 440 220	15	6，10，15
RM7-60		60	15，20，25，30，40，50，60
RM7-100		100	60，80，100
RM7-200		200	100，125，160，200
RM7-400		400	200，240，260，300，350，400
RM7-600		600	400，450，500，560，600
RZ1-100	380	100	60，80，100
RZ1-200		400	60，80，100，300，350，400

表 8-15　　　　　　　　　　　　熔断器常见故障及修理方法

故障现象	产生原因	修理方法
电动机启动瞬间熔体即熔断	① 熔体规格选择太小 ② 负载侧短路或接地 ③ 熔体安装时损伤	① 调换适当的熔体 ② 检查短路或接地故障 ③ 调换熔体
熔体未熔断但电路不通	① 熔体两端或接线端接触不良 ② 熔断器的螺帽盖未拧紧	① 清扫并旋紧接线端 ② 旋紧螺帽盖

上述熔断器的熔体一旦熔断，需要更换后才能使电路重新接通，而一种新型限流元件

叫作自复式熔断器，可以不更换元件便能接通电路，它是应用非线性元件——金属钠在高温下电阻特性突变的原理制成的。

自复式熔断器用金属钠制成熔丝，它在常温下具有高电导率，短路电流产生的高温能使钠气化，气压增高，高温高压下气态钠的电阻迅速增大，呈现高电阻状态，从而限制了短路电流。当短路电流消失后，温度下降，气态钠又变为固态钠，恢复原来良好的导电性能，故自复式熔断器能多次使用。自复式熔断器应串联使用，以提高分断能力。

7. 交流接触器

（1）交流接触器的概念

接触器是电力拖动与自动控制系统中一种非常重要的低压电器。它是控制电器，利用电磁吸力和弹簧反力的配合作用，实现触点闭合与断开，是一种电磁式的自动切换电器。

接触器适用于远距离频繁地接通或断开交、直流主电路及大容量的控制电路。其主要控制对象是电动机，也可控制其他负载。

接触器不仅能实现远距离自动操作及欠压和失压保护功能，而且具有控制容量大、工作可靠、操作频率高、使用寿命长等特点。

接触器按主触点通过的电流种类，分为交流接触器和直流接触器两大类。以交流接触器为例，它的外形如图 8-18 所示，它的结构示意图和符号如图 8-19 所示。

图 8-18　交流接触器的外形

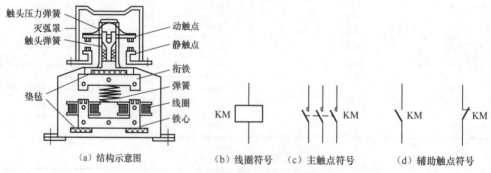

（a）结构示意图　　（b）线圈符号　（c）主触点符号　　（d）辅助触点符号

图 8-19　交流接触器的结构示意图和符号

（2）交流接触器的组成和工作原理

① 交流接触器的组成。交流接触器由以下 4 部分组成。

电磁系统：用来操作触点闭合与分断。它包括静铁心、吸引线圈、动铁心（衔铁）。铁心用硅钢片叠成，以减少铁心中的铁损耗，在铁心端部极面上装有短路环，其作用是消除交流电磁铁在吸合时产生的震动和噪声。

触点系统：起着接通和分断电路的作用。它包括主触点和辅助触点。通常主触点用于通断电流较大的主电路，辅助触点用于通断小电流的控制电路。

灭弧装置：起着熄灭电弧的作用。

其他部件：主要包括恢复弹簧、缓冲弹簧、触点压力弹簧、传动机构及外壳等。

② 交流接触器的工作原理。在图 8-19（a）中，接触器的线圈和静铁心是固定不动的。当线圈得电时，铁心线圈产生电磁吸力，将动铁心吸合，由于动触点与铁心都是固定在同一根轴上的，因此动铁心就带动动触点向下运动，与静触点接触，使电路接通。当线圈断电时，吸力消失，动铁心依靠反动作弹簧的作用而分离，动铁心和所有的触点都恢复到原来的状态，动触点断开，电路被切断。

接触器适用于远距离频繁地接通和切断电动机的电路或其他负载主电路，由于具备低电压释放功能，所以还当做保护电器使用。

（3）交流接触器的选择

① 接触器类型的选择。接触器的类型有交流和直流电器两类，应根据负载电流的类型和负载的轻重来选择。接触器主触点的额定电流（$I_{N主触点}$）可根据负载的轻重由下式选取

$$I_{N主触点} \geq \frac{P_{N电机} \times 10^3}{(1 \sim 1.4)U_{N电机}}$$

若接触器控制的电动机启动或正、反转频繁，一般将接触器主触点的额定电流降一级使用。

② 接触器操作频率的选择。接触器操作频率是指接触器每小时通断的次数。当通断电流较大及通断频率较高时，会使触点过热甚至熔焊。操作频率若超过规定值，应选用额定电流大一级的接触器。

③ 接触器额定电压和电流的选择。

● 主触点的额定电流（或电压）应大于或等于负载电路的额定电流（或电压）。

● 吸引线圈的额定电压则应根据控制回路的电压来选择。

● 当线路简单、使用电器较少时，可选用 380V 或 220V 电压的线圈；若线路较复杂、使用电器数量超过 5 个时，应选用 110V 及以下电压等级的线圈。

（4）交流接触器的使用

① 安装接触器前应先检查线圈的额定电压是否与实际需要相符。

② 接触器的安装多为垂直安装，其倾斜角不得超过 5°，否则会影响接触器的动作特性；散热孔应安装在上下位置，以降低线圈的温升。

③ 安装接触器与接线时应将螺钉拧紧，以防震动松脱。

④ 接线器的触点应定期清理，若触点表面有电弧灼伤时，应及时修复。

（5）交流接触器的型号和技术参数

交流接触器的型号含义如图 8-20 所示。

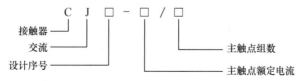

图 8-20　交流接触器的型号含义

接触器的主要参数有极数、电流种类、额定工作电压、额定工作电流（或额定控制功率）、线圈额定电压、线圈的启动功率和吸持功率、额定通断能力、允许操作频率、机械寿命和电寿命、使用类别等，分别介绍如下。

① 极数：接触器主触点个数。按极数可分为两极、三极和四极接触器。用于三相异步电动机的启停控制一般选用三极接触器。

② 电流种类：主电路分为直流和交流，所以接触器分为直流接触器和交流接触器。直流接触器用于直流主电路的接通与断开，交流接触器用于交流主电路的接通与断开。

③ 额定工作电压：主触点之间的正常工作电压，即主触点所在电路的电源电压。交流接触器额定工作电压有 127V、220V、380V、500V、660V 等，直流接触器额定工作电压有 110V、220V、380V、500V、660V 等。

④ 额定工作电流：主触点正常工作的电流值。交流接触器的额定工作电流有 10A、20A、40A、60A、100A、150A、400A、600A 等，直流接触器的额定工作电流有 40A、80A、100A、150A、400A、600A 等。

⑤ 线圈额定电压：电磁线圈正常工作的电压值。交流线圈额定电压有 127V、220V、380V，直流线圈额定电压有 110V、220V、440V。

⑥ 机械寿命和电寿命：机械寿命为接触器在空载情况下能够正常工作的操作次数。电寿命为接触器有载操作次数。

⑦ 使用类别：不同的负载，对接触器的触点要求不同，要选择相应使用类别的接触器。AC 为交流接触器的使用类别，DC 为直流接触器的使用类别。AC1 和 DC1 类允许接通和分断额定电流，AC2、DC3 和 DC5 类允许接通和分断 4 倍额定电流，AC3 类允许接通 6 倍的额定电流和分断额定电流，AC4 允许接通和分断 6 倍额定电流。AC1 类主要用于无感或微感负载、电阻炉；AC2 类主要用于绕线转子异步电动机的启动、制动；AC3 类主要用于笼型异步电动机的启动、运转中分断；AC4 类主要用于笼型异步电动机的启动、反接制动、反向和点动等。

典型的交流接触器有 CJX1、CJX2、CJ20、CJ21、CJ26、CJ35、CJ40、NC1、B、LC1-D、STB、3TF 等系列。

CJX1 系列交流接触器适用于交流 50Hz 或 60Hz、电压至 660V、额定电流至 630A 的电力线路中，供远距离频繁启动和控制电动机及接通与分断电路，经加装机械联锁机构后，组成 CJX1 系列可逆接触器，可控制电动机的启动、停止及反转。该系列是我国引进德国西门子公司制造技术而制造的产品，性能等同于 3TB、3TF。

CJX2 系列交流接触器适用于交流 50Hz 或 60Hz、电压至 660V、额定电流至 95A 电路中，供远距离接通与分断电路及频繁启动、控制交流电动机，接触器还可组装成积木辅助触点组、空气延时头、机械联锁机构等附件，组成延时接触器、可逆接触器、星-三角形启动器，并且可以和热继电器直接插接安装，组成电磁启动器，保护过载的电路。

CJ20 系列交流接触器主要用于交流 50Hz（60Hz）、额定电压至 660V（个别等级可至 1140V）、电流至 630A 的电力线路中，供远距离频繁接通和分断电路以及控制交流电动机，并与适当的热继电器或电子式保护装置组合成电动机启动器，以保护电路或交流电动机可能发生的过负荷及断相。CJ20 系列交流接触器主要技术参数如表 8-16 所示；接触器常见故障及修理方法如表 8-17 所示。

表 8-16　　　　　　　　　　　　CJ20 系列交流接触器主要技术参数

型号	主触点			辅助触点			380V 时控制电动机最大功率/kW
	额定工作电压/V	额定工作电流/A	极数	额定工作电压/V	额定工作电流/A	极数	
CJ20-63	380	63	3	交流至 380V，直流至 220V	6	2 常开 2 常闭	30
	660	40					35
CJ20-160	380	160					85
	660	100					85
CJ20-160/11	1140	80					85
CJ20-250	380	250					132
CJ20-250/06	660	200					190
CJ20-630	380	630					300
CJ20-630/11	660	400					350
	1140	400					400

表 8-17　　　　　　　　　　　　接触器常见故障及修理方法

故障现象	产生原因	修理方法
接触器不吸合或吸不牢	① 电源电压过低 ② 线圈断路 ③ 线圈技术参数与使用条件不符 ④ 铁心机械卡阻	① 调高电源电压 ② 调换线圈 ③ 调换线圈 ④ 排除卡阻物
线圈断电，接触器不释放或释放缓慢	① 触点熔焊 ② 铁心表面有油污 ③ 触点弹簧压力过小或反作用弹簧损坏 ④ 机械卡阻	① 排除熔焊故障，修理或更换触点 ② 清理铁心表面 ③ 调整触点弹簧力或更换反作用弹簧 ④ 排除卡阻物
触点熔焊	① 操作频率过高或过负载使用 ② 负载侧短路 ③ 触点弹簧压力过小 ④ 触点表面有电弧灼伤 ⑤ 机械卡阻	① 调换合适的接触器减小负载 ② 排除短路故障更换触点 ③ 调整触点弹簧压力 ④ 清理触点表面 ⑤ 排除卡阻物
铁心噪声过大	① 电源电压过低 ② 短路环断裂 ③ 铁心机械卡阻 ④ 铁心极面有油垢或磨损不平 ⑤ 触点弹簧压力过大	① 检查线路并提高电源电压 ② 调换铁心或短路环 ③ 排除卡阻物 ④ 用汽油清洗极面或更换铁心 ⑤ 调整触点弹簧压力
线圈过热或烧毁	① 线圈匝间短路 ② 操作频率过高 ③ 线圈参数与实际使用条件不好 ④ 铁心机械卡阻	① 更换线圈并找出故障原因 ② 调换合适的接触器 ③ 调换线圈或接触器 ④ 排除卡阻物

8. 继电器

（1）电磁式继电器

电磁继电器是自动控制电路中常用的一种元件。实际上它是用较小电流控制较大电流的一种自动开关，是当某些参数达到预定值时而动作使电路发生改变的电器。因此，电磁继电器广泛应用于电子设备中。中间继电器、电流继电器和电压继电器均属于电磁式继电器，它们的结构、工作原理与接触器相似，主要由电磁系统和触点两部分组成。

① 中间继电器。

中间继电器一般用来控制各种电磁线圈使信号得到放大，或将信号同时传给几个控制元件。中间继电器实质上是一种电压继电器，但它的触点数量较多，容量较小，是作为控制开关使用的接触器。它在电路中的作用主要是扩展控制触点数量和增加触点容量，其符号如图8-21所示。

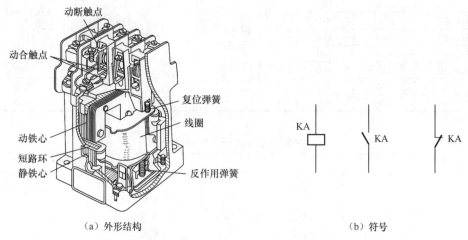

（a）外形结构   （b）符号

图8-21　中间继电器及其符号

• 工作原理：中间继电器的基本结构和工作原理与接触器完全相同，故称为接触式继电器。所不同的是中间继电器的触点组数多，并且没有主、辅之分，各组触点允许通过的电流大小是相同的，其额定电流约为5A。

• 中间继电器的选择与使用：中间继电器一般根据负载电流的类型、电压等级和触点数量来选择。中间继电器的使用与接触器相似，但中间继电器的触点容量较小，一般不能在主电路中应用。

• 中间继电器的型号含义如图8-22所示。

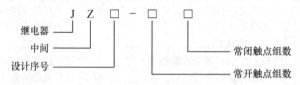

图8-22　中间继电器的型号含义

• 中间继电器的技术参数如表8-18所示。

② 电流继电器。

电流继电器是反映电流变化的控制电器。电流继电器的线圈匝数少而导线粗，使用时串接于主电路中，与负载相串，动作触点串接在辅助电路中。

电流继电器根据用途可分为过电流继电器和欠电流继电器，例如，过电流继电器主要用于重载或频繁启动的场合，作为电动机主电路的过载和短路保护。

• 工作原理。

过电流继电器是反映上限值，当线圈中通过的电流为额定值时，触点不动作，当线圈中通过的电流超过额定值达到某一规定值时，触点动作。

表 8-18　　　　　　　　　　　中间继电器的技术参数

型号	线圈参数			触点参数			
	额定电压/V		消耗功率	触点数		最大断开容量	
	交流	直流		动合（常开）	动断（常闭）	阻性负载	感性负载
JZ7-22	12，24	12 24 110 220	12W	2	2	交流 380V 5A 直流 220V 1A	交流 380V 5A 500V 3.5A 直流 220V 0.5A
JZ7-41	36，48，110			4	1		
JZ7-42	127			4	2		
JZ7-44	220			4	4		
JZ7-53	380			5	3		
JZ7-62	420			6	2		
JZ7-80	440，500			5	0		

　　欠电流继电器是反映下限值，当线圈中通过的电流为额定值时，触点动作，当线圈中通过的电流低于额定值达到某一规定值时，触点复位。

　　两种继电器的符号如图 8-23 所示。

　　● 电流继电器的选择和使用。

　　以过电流继电器为例，过电流继电器线圈的额定电流一般可按电动机长期工作的额定电流来选择，对于频繁启动的电动机，考虑启动电动机在继电器中的热效应，额定电流可选大一级。

　　过电流继电器的整定值一般为电动机额定电流的 1.7 ~ 2 倍，频繁启动的场合可取 2.25 ~ 2.5 倍。

　　电流继电器在使用时要注意以下几个方面。

　　安装前先检查额定电流及整定值是否与实际要求相符。

　　安装后应在主触点不带电的情况下，使吸引线圈带电操作几次，试试继电器动作是否可靠。

　　定期检查各部件是否有松动及损坏现象，并保持触点的清洁和可靠。

　　● 电流继电器的型号含义。

　　电流继电器的型号含义如图 8-24 所示，常见故障与接触器类似。

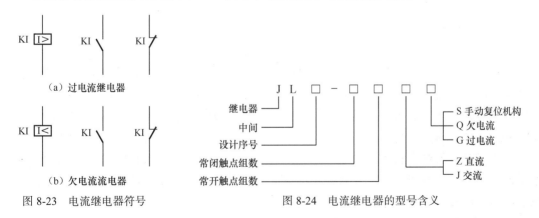

图 8-23　电流继电器符号　　　　　　　图 8-24　电流继电器的型号含义

　　③ 电压继电器。

　　电压继电器是反映电压变化的控制电器。电压继电器的线圈匝数多而导线细，使用时并接于电路中，与负载相并，动作触点串接在控制电路中。

　　电压继电器根据用途可分为过电压继电器和欠电压继电器，以欠电压继电器为例，通常在电路中起欠压保护作用。

• 工作原理。

过电压继电器是反映上限值的，当线圈两端所加电压为额定值时，触点不动作，当线圈两端所加电压超过额定值达到某一规定值时，触点动作。

欠电压继电器是反映下限值的，当线圈两端所加电压为额定值时，触点动作，当线圈两端所加电压低于额定值而达到某一规定值时，触点复位。

两种继电器的符号如图 8-25 所示。

• 电压继电器的选择和使用。

电压继电器的选择主要针对线圈电压进行，电压继电器线圈的额定电压一般可按电路的额定电压来选择。

电压继电器在使用时要注意以下几个方面。

安装前先检查额定电压值是否与实际要求相符。

安装后应在主触点不带电的情况下，使吸引线圈带电操作几次，试试继电器动作是否可靠。

定期检查各部件是否有松动及损坏现象，并保持触点的清洁和可靠。

• 电压继电器的型号含义。

电压继电器的型号含义如图 8-26 所示，常见故障与接触器类似。

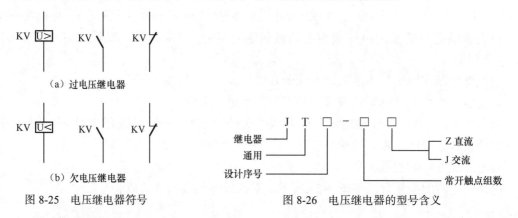

图 8-25　电压继电器符号　　　　　　图 8-26　电压继电器的型号含义

（2）时间继电器

① 概念。

时间继电器是一种按时间原则动作的继电器，按照设定时间控制触点动作，即由它的感测机构接收信号，经过一定时间延时后执行机构才会动作，并输出信号以操纵控制电路。时间继电器按工作方式分为通电延时时间继电器和断电时间继电器，一般具有瞬时触点和延时触点这两种触点。

时间继电器的种类很多，常用的有气囊式、电磁式、电动式及晶体管式几种。近年来，电子式时间继电器发展很快，它具有延时时间长、精度高、调节方便等优点。有的还带有数字显示，非常直观方便，因而得以广泛应用。

② 工作原理。

• 通电延时时间继电器。

以气囊式时间继电器为例，JS7-A 型时间继电器外形及原理图如图 8-27 所示。它主要由电磁系统、工作触点（微动开关）、延时机构等组成。当衔铁位于铁心和延时机构之间时为通电延时型，当铁心位于衔铁和延时之间时为断电延时型。图 8-28 所示为时间继电器符号。JS7-A 系列时间继电器适用于从接收到信号至触点动作发出信号之间所需要延时的场合，被广泛地应用于机床的电气传动控制系统中。

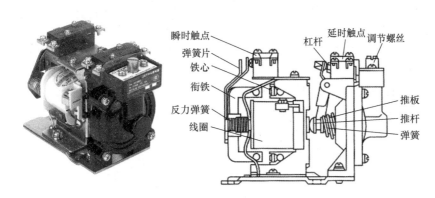

图 8-27　JS-7A 型时间继电器外形及原理图

JS7-A 系列空气阻尼式时间继电器的工作原理：当线圈通电时，衔铁及固定在它上面的托板被铁心吸引而下降，这时固定在活塞杆上的撞块因失去托板的支撑也向下运动，但由于与活塞杆相连的橡皮膜向下运动时受到空气阻尼的作用，所以活塞杆下落缓慢，经过一定时间，才能触动微动开关的推杆使它的常闭触点断开、常开触点闭合。延时时间是从线圈通电开始到触点完成动作为止的这段时间。通过延时调节螺钉，即调节进气孔的大小可以改变延时时间。

JS7-A 系列空气阻尼式时间继电器的触点系统共有延时闭合常开、延时闭合常闭、延时断开常闭、延时断开常开、常开瞬动、常闭瞬动 6 种。不同型号的 JS7-A 型时间继电器具有不同的延时触点。通电延时时间继电器的线圈和触点的符号如图 8-28 所示。

● 断电延时时间继电器。

将电磁机构翻转 180° 安装后，可形成断电延时时间继电器。它的工作原理与通电延时时间继电器的工作原理相似，线圈通电后，瞬时触点和延时触点均迅速动作；线圈失电后，瞬时触点迅速复位，延时触点延时复位。

断电延时时间继电器的线圈和触点的符号如图 8-29 所示。

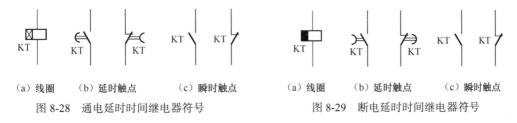

| （a）线圈 | （b）延时触点 | （c）瞬时触点 | | （a）线圈 | （b）延时触点 | （c）瞬时触点 |

图 8-28　通电延时时间继电器符号　　　　图 8-29　断电延时时间继电器符号

③ 时间继电器的选择。

● 类型选择：凡是对延时要求不高的场合，一般采用价格较低的 JS7-A 系列时间继电器；对于延时要求较高的场合，可采用 JS11、JS2、7PR 系列的时间继电器。

● 延时方式的选择：时间继电器有通电延时和断电延时两种，应根据控制线路的要求来选择某一种延时方式的时间继电器。

- 线圈电压的选择：根据控制线路电压来选择时间继电器吸引线圈的电压。

④ 时间继电器的使用。

- JS7-A 系列时间继电器只要将线圈转动 180°，即可将通电延时结构改为断电延时结构。

- JS7-A 系列时间继电器由于无刻度，故不能准备地调整延时时间。

- JS11-1 系列通电延时继电器，必须在分断离合器电磁铁线圈电源时才能调节延时值；而 JS11-2 系列断电延时继电器，必须在接通离合器电磁铁线圈电源时才能调节延时值。

⑤ 时间继电器的型号含义和技术参数。

时间继电器的型号含义如图 8-30 所示。以气囊式时间继电器为例，表 8-19 给出了该类型时间继电器的常见故障及修理方法。

图 8-30　时间继电器的型号含义

表 8-19　　　　　　　　　　　气囊式时间继电器常见故障及修理方法

故障现象	产生原因	修理方法
延时触点不动作	① 电磁铁线圈断线 ② 电源电压低于线圈额定电压很多 ③ 电动式时间继电器的同步电动机线圈断线 ④ 电动式时间继电器的棘爪无弹性 ⑤ 电动式时间继电器游丝断裂	① 更换线圈 ② 更换线圈或调高电源电压 ③ 调换同步电动机 ④ 调换棘爪 ⑤ 调换游丝
延时时间缩短	① 空气阻尼式时间继电器的气室装配不严，漏气 ② 空气阻尼式时间继电器的气室内橡皮薄膜损坏	① 修理或调换气室 ② 调换橡皮薄膜
延时时间变长	① 空气阻尼式时间继电器的气室内有灰尘，使气道阻塞 ② 电动式时间继电器的传动机构缺润滑油	① 消除气室内灰尘，使气道畅通 ② 加入适量的润滑油

时间继电器的技术参数见表 8-20。

表 8-20　　　　　　　　　　　时间继电器技术参数

型号	吸引线圈电压/V	触点额定电压/V	触点额定电流/A	延时触点数				瞬时触头		延时范围/s
				通电延时		断电延时				
				动合（常开）	动断（常闭）	动合（常开）	动断（常闭）	动合（常开）	动断（常闭）	
JS7-1A	36	380	5	1	1					0.4～60 及 0.4～180 两种
JS7-2A	127			1	1			1	1	
JS7-3A	220					1	1			
JS7-4A	380					1	1	1	1	

（3）热继电器

① 热继电器的概念。

热继电器是一种利用流过继电器的电流所产生的热效应而反时限动作的保护电器，它主要用作电动机的过载保护、断相保护、电流不平衡运行及其他电气设备发热状态的控制。

热继电器有两相结构、三相结构、三相带断相保护装置 3 种类型。图 8-31 所示为热继电器的外形图。

图 8-31　热继电器的外形

热继电器主要由感温元件（又称热元件）、触点系统、动作机构、复位按钮、电流调节装置、温度补偿元件等组成。图 8-32 所示为实现两相过载保护的热继电器的结构示意图和符号。

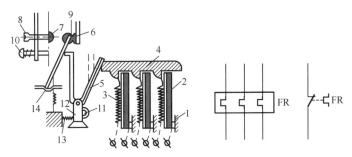

（a）双金属片式热继电器结构示意图　　　　（b）热继电器符号

图 8-32　热继电器的结构示意图和符号

1—双金属片固定支点　2—双金属片　3—热元件　4—导板　5—补偿双金属片　6—常闭触点　7—常开触点
8—复位螺钉　9—动触点　10—复位按钮　11—调节旋钮　12—支撑　13—压簧　14—推杆

② 热继电器的工作原理。

感温元件由双金属片及绕在双金属片外面的电阻丝组成。双金属片是两种膨胀系数不同的金属以机械碾压的方式而成为一体的。使用时将电阻丝串联在主电路中，触点串联在控制电路中。

当过载电流流过电阻丝时，双金属片受热膨胀，因为两片金属的膨胀系数不同，所以就弯向面膨胀系数较小的一面，利用这种弯曲的位移动作，切断热继电器的常闭触点，从而断开控制电路，使接触器主触点断开，电动机便停止工作，起到过载保护的作用。在过载故障排除后，要使电动机再次启动，一般需 2 分钟以后，待双金属片冷却，恢复原状后再按复位按钮，使热继电器的常闭触点复位。

热继电器中的双金属片由两种膨胀系数不同的金属片压焊而成，缠绕着双金属片的是热元件，它是一段电阻不大的电阻丝，串接在主电路中，热继电器的常闭触点通常串接在接触器线圈电路中。当电动机过载时，热元件中通过的电流加大，使双金属片逐渐发生弯曲，经过一定时间后，推动动作机构，使常闭触点断开，切断接触器线圈电流，使电动机主电路失电。故障排除后，按下复位按钮，使热继电器触点复位。

　　热继电器的工作电流可以在一定范围内调整，称为整定。整定电流值应是被保护电动机的额定电流值，其大小可以通过旋动整定电流旋钮来实现。由于热惯性，热继电器不会瞬时动作，因此它不能用作短路保护。但也正是这个热惯性，使电动机启动或短时过载时，热继电器不会误动作。

　　热继电器常用来对连续运行的电动机进行过载保护，以防止电动机过热而烧毁。

　　③ 热继电器的选择。

　　选用热继电器作为电动机的过载保护时，应使电动机在短时过载和启动瞬间不受影响。

　　• 热继电器的类型选择：一般轻载启动、短时工作，可选择二相结构的热继电器；当电源电压的均衡性和工作环境较差或多台电动机的功率差别较显著时，可选择三相结构的热继电器；对于三角形接法的电动机，应选用带断相保护装置的热继电器。

　　• 热继电器的额定电流及型号选择：热继电器的额定电流应大于电动机的额定电流。

　　• 热元件的整定电流选择：一般将整定电流调整到等于电动机的额定电流；对过载能力差的电动机，可将热元件整定值调整到电动机额定电流的 0.6～0.8 倍；对启动时间较长、拖动冲击性负载或不允许停车的电动机，热元件的整定电流应调节到电动机额定电流的 1.1～1.15 倍。

　　④ 热继电器的使用。

　　• 当电动机启动时间过长或操作次数过于频繁时，会使热继电器误动作或烧坏电器，故这种情况一般不用热继电器作为过载保护。

　　• 当热继电器与其他电器安装在一起时，应将它安装在其他电器的下方，以免其动作特性受到其他电器发热的影响。

　　• 热继电器出线端的连接导线应选择合适。若导线过细，则热继电器可能提前动作；若导线太粗，则热继电器可能滞后动作。

　　⑤ 热继电器的技术参数及其型号含义。

　　热继电器的型号含义如图 8-33 所示。

图 8-33　热继电器的型号含义

　　常用的热继电器有 JRS1、JRS3、JRS5、JR0、JR36、JR20、JR21、3UA5、3UA6、LR1-D、LR1-T 等系列。

　　JRS1（LR2-D）系列热继电器用于交流 50Hz（或 60Hz）、额定电压至 660V 的电力系统中，用作交流电动机的过载和断相保护。

　　JRS3 系列热继电器适用于交流 50/60Hz、电压 690～1000V、电流 0.1～180A 的长期工作或间断长期工作的一般交流电动机的过载保护。继电器具有断相保护、温度补偿、脱扣指示功能，并能自动与手动复位。继电器可与接触器接插安装，也可独立安装。

　　JR36 系列热继电器适用于交流 50Hz、电压至 690V、电流至 160A 的长期工作或间断长期工作的一般交流电动机的过载保护。该继电器具有断相保护、温度补偿、脱扣指示功能，并能自动与手动复位。

JR0 系列热继电器的技术参数见表 8-21，表 8-22 所示为热继电器的常见故障及修理方法。

表 8-21　　　　　　　　　　　　热继电器的技术参数

型号	额定电流/A	热元件等级	
		热元件额定电流/A	整定电流调节范围/A
JR0-20/3 JR0-20/3D	20	0.50	0.32 ~ 0.50
		1.6	0.68 ~ 1.1
		2.4	1.0 ~ 1.6
		3.5	2.2 ~ 3.5
		7.2	4.5 ~ 7.2
		16.0	10.0 ~ 16.0
JR0-60/3 JR0-60/3D	60	32.0	20 ~ 32
		63.0	40 ~ 63
JR0-150/3 JR0-150/3D	150	85.0	53 ~ 85
		120.0	75 ~ 120

表 8-22　　　　　　　　　　　　热继电器的常见故障及修理方法

故障现象	产生原因	修理方法
热继电器误动作或 动作太快	① 整定电流偏小 ② 操作频率过高 ③ 连接导线太细	① 调大额定电流 ② 调换热继电器或限定操作频率 ③ 选用标准导线
热继电器不动作	① 整定电流偏大 ② 热元件烧断或脱焊 ③ 导板脱出	① 调小额定电流 ② 更换热元件或热继电器 ③ 重新放置导板并试验动作灵活性
热元件烧断	① 负载侧电流过大 ② 反复短时工作，操作频率过高	① 排除故障或调换热继电器 ② 限定操作频率或调换合适的热继电器
主电路不通	① 热元件烧毁 ② 接线螺钉未压紧	① 更换热元件或热继电器 ② 旋紧接线螺钉
控制电路不通	① 热继电器常闭触点接触不良或弹性消失 ② 需手动复位的热继电器动作后，未手动复位	① 检修常闭触点 ② 手动复位

（4）速度继电器

① 速度继电器的概念。

速度继电器是用来反映转速与转向变化的继电器，它可以按照被控电动机转速的大小使控制电路接通或断开。速度继电器通常与接触器配合，实现对电动机的反接制动。

速度继电器主要由转子、定子和触点等部分组成，转子是一个圆柱形永久磁铁，定子是一个笼形空心圆环，并装有笼形绕组。其外形、结构示意图和符号如图 8-34 所示。

② 速度继电器的工作原理。

速度继电器的转轴和电动机通过联轴器相连，当电动机转动时速度继电器的转子随之转动，定子内的绕组便切割磁力线，产生感应电动势，而后产生感应电流，此电流与转子磁场作用产生转矩，使定子开始转动。电动机转速达到某一值时，产生的转矩能使定子转到一定角度使定子柄推动常闭触点动作；当电动机转速低于某一值或停转时，定子产生的转矩会减小或消失，触点在弹簧的作用下复位。

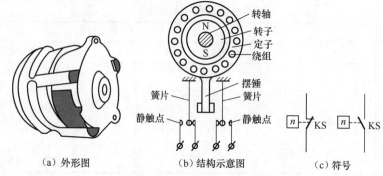

（a）外形图　　　（b）结构示意图　　　（c）符号

图 8-34　速度继电器外形、结构示意图、符号

同理，锻打件反转时，定子会往反方向转过一个角度，使另外一组触点动作。

电动机的转向与转速可以通过观察速度继电器触点的动作与否来判断，经常被用在电动机的反接制动回路中。

③ 速度继电器的选择与使用。

速度继电器主要根据电动机的额定转速来选择。速度继电器在使用时要注意以下几点。

• 速度继电器的转轴应与电动机同轴连接。

• 安装速度继电器接线时，正反向的触点不能接错，否则不能起到反接制动时接通和断开反向电源的作用。

④ 速度继电器的型号含义和技术参数。

常用的速度继电器有 JY1、JFZ0 等系列。速度继电器的型号含义如图 8-35 所示。

速度继电器的技术参数如表 8-23 所示，常见故障及修理方法如表 8-24 所示。

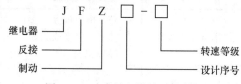

图 8-35　速度继电器的型号含义

表 8-23　　　　　　　　　　　　　　速度继电器的技术参数

型号	触点额定电压/V	触点额定电流/A	触头数量		额定工作转速/（r/min）	允许操作频率/（次/h）
			正转时动作	反转时动作		
JY1 JFZ0	380	2	1 动合（常开） 0 动断（常闭）	1 动合（常开） 0 动断（常闭）	100～3600 300～3600	＜30

表 8-24　　　　　　　　　　　　速度继电器的常见故障及修理方法

故障现象	产生原因	修理方法
制动时速度继电器失效，电动机不能制动	① 速度继电器胶木摆杆断裂 ② 速度继电器常开触点接触不良 ③ 弹性动触片断裂或失去弹性	① 调换胶木摆杆 ② 清洗触点表面油污 ③ 调换弹性动触片

技 能 训 练

一、点动控制电路

1. 简单的点动控制电路

生产设备在正常加工时处于长期工作状态，即所谓"长动"。除了长动状态以外，还有一种调整状态，如加工前的对刀准备。这一工作状态要求电动机点一下动一下，即按一次按钮动一下，连续按则连续动，不按则不动，这种状态称为"点动"或"点车"。

图 8-36（a）是实现点动的最简单的控制线路。但在实际工作中，机械设备既要满足点动工作，又要能连续工作。图 8-36（b）、（c）、（d）所设计的电路就能同时满足这两个要求。

图 8-36（b）中用选择开关 SA 来选择工作状态，SA 打开为点动工作，SA 闭合为长期连续工作。但这个线路工作时多了一个操作 SA 的动作，不太方便。

图 8-36（c）中用两个按钮分别控制，按 SB$_1$ 时连续工作，按 SB$_2$ 时点动工作。

2. 点动控制线路原理图

如图 8-36（a）所示，按下 SB 按钮，KM 线圈得电，KM 主触点闭合，电动机得电运行；松开 SB 按钮，KM 线圈失电，KM 主触点断开，电动机失电停止运行。

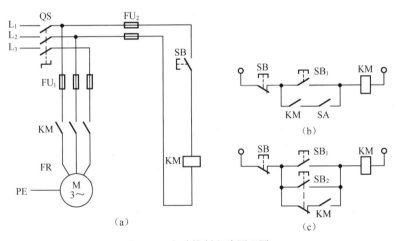

图 8-36 点动控制电路原理图

3. 点动控制线路布置图

点动控制线路布置图如图 8-37 所示。

（1）注意各元器件间的间距及位置。

（2）模拟板展示。

（3）元器件的安装方法及工艺要求如下。

① 断路器、熔断器的受电端子应安装在控制板的外侧，并使熔断器的受电端为底座的中心端。

② 各元件的安装位置应整齐、均匀，间距合理，便于元件的更换。

③ 紧固各元件时，用力要均匀，紧固程度适当。在紧固熔断器、接触器等易碎元件时

应该用手按住元件，一边轻轻摇动一边用旋具轮换旋紧对角线上的螺钉，直到手摇不动后，再适当加固旋紧即可。

4. 点动控制线路接线图

点动控制线路接线图如图 8-38 所示。

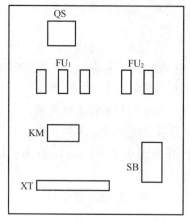

图 8-37　点动控制线路布置图

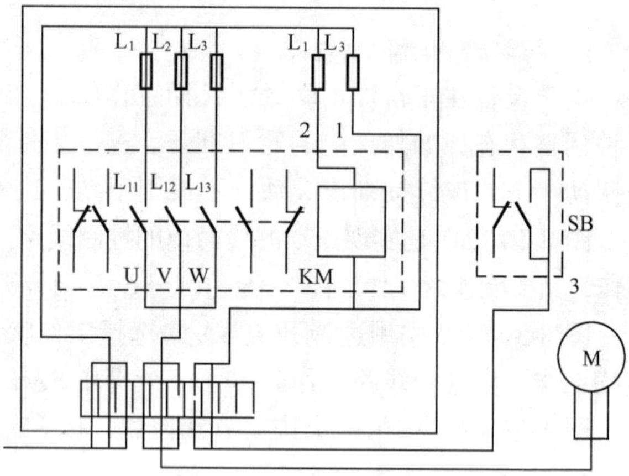

图 8-38　点动控制线路接线图

（1）注意接线图的画法。

（2）布线的工艺要求如下。

① 布线通道应尽可能地少，同路并行导线按主、控制电路分类集中，单层密排，紧贴安装面布线。

② 同一平面的导线应高低一致或前后一致，不能交叉。非交叉不可时，应水平架空跨越，但走线必须合理。

③ 同一元件、同一回路的不同接点的导线间距离应保持一致。

④ 布线应横平竖直，分布均匀。变换走向时应垂直。

⑤ 布线时严禁损伤线心和导线绝缘。

⑥ 在每根剥去绝缘层导线的两端套上编码套管。所有从一个接线端子（或线桩）到另一个接线端子（或接线桩）的导线必须连接，中间无接头。

⑦ 导线与接线端子或接线桩连接时，不得压绝缘层、不反圈及不露铜过长。

⑧ 一个电器元件接线端子上的连接导线不得多于两根。

⑨ 布线顺序一般以接触器为中心，由里向外，由高至低，先控制电路，后主电路，以不妨碍后续布线为原则。

二、检测和调试电路

1. 检测电路

（1）主电路检测：万用表红黑表笔分别置于 U_{11} 和 U、V_{11} 和 V、W_{11} 和 W 端，按下交流接触器，看看万用表示数是否为 0，为 0 就是正确的。

（2）检测控制电路：选用万用表的电阻挡×100 或×1k 挡，将红黑表笔分别置于熔断器 FU2 的接线柱上，按下按钮观察万用表读数是否为线圈阻值，是就表明接线正确，否则就有故障。对故障的检测，逐点检测直至找到故障点。

（3）有条件的还需用兆欧表检测线路的绝缘电阻的阻值，应不小于$1M\Omega$。

2. 常见故障分析

（1）合上电源开关 QS，接触器吸合，电机转动。

故障原因：按钮常开接成常闭、按钮被短接。

解决方法：按钮接常开、改正接线错误的部分接线。

（2）按下按钮 SB，接触器不吸合，电机不转。

故障原因：控制回路 L_1、L_2 没有，两相熔断器接触不良或熔丝熔断，常开按钮接触不良或接错，交流接触器线圈断路或接触不良。

解决方法：提供电源、拧紧元件、更换熔丝、修理按钮、更换接触器、接触不良的使其接触良好。

（3）按下按钮 SB，接触器吸合，电机不转。

故障原因：熔断器 FU_1 熔断丝熔断或接触不良，交流接触器主触头接触不良。

解决方法：更换熔丝、接触不良的使其接触良好。

三、现场管理要求

进入工作现场时，应正确穿戴工作服、工作帽，注意自身与他人的工作安全；使用常用电施工具进行点动控制电路的安装时，应按照点动控制电路的安装要求进行操作，防止器件的损坏。注意团队成员相互间的人身安全，分工合作，共同完成点动控制电路的安装与调试。工作结束后，应及时对工作场地进行卫生清洁，使物品摆放整齐有序，保持现场的整洁，做到标准化管理。

考 核 评 价

本项目的考核评价表见表 8-25。

表 8-25　　　　　　　　　　考核评价表

考核项目	考核内容	考核方式	比重
态度	1. 工作现场整理、整顿、清理不到位，扣 5 分 2. 通电发生短路故障，扣 5 分；损坏实训设备，扣 5 分 3. 操作期间不能做到安全、整洁等，扣 5 分 4. 不遵守教学纪律，有迟到、早退、玩手机等违纪现象，每次扣 5 分 5. 进入操作现场，未按要求穿戴装备，每次扣 5 分	学生自评 + 学生互评 + 教师评价	30%
技能	1. 电器元件漏检或错检，每处扣 5 分 2. 元件布置不合理、不整齐、不均匀，每处扣 2 分 3. 元件安装不牢固，每个扣 2 分 4. 安装元件时漏装木螺丝，每个扣 1 分 5. 损伤元件，扣 5 分 6. 不按电路图接线，扣 10 分 7. 布线不符合要求，主电路每处扣 2 分，控制电路每处扣 1 分 8. 接点松动、露铜过长、反圈、压绝缘层等，每个扣 1 分 9. 进行技能答辩，每答错一次扣 3 分 10. 不会撰写项目报告，扣 10 分	教师评价 + 学生互评	40%

续表

考核项目	考核内容	考核方式	比重
知识	1. 没有掌握低压电器的组成与分类，每个知识点扣2分 2. 没有掌握开关及主令电器的相关知识，每个知识点扣2分 3. 没有掌握熔断器的工作原理、选择与使用等知识，每个知识点扣2分 4. 没有掌握交流接触器的知识，扣5分 5. 不会识别不同类型的继电器，扣5分 6. 进行知识答辩，每答错一次扣3分	教师评价	30%

拓 展 提 高

一、具有过载保护的接触器自锁控制电路的安装与调试

1. 联锁控制线路

（1）两台电动机的互锁

车床的主轴在启动时必须要求油泵电动机先启动，进行充分润滑，然后主传动电动机再启动。图 8-39 即为互锁控制线路，图中 M1 启动后 M2 才能启动，M1 和 M2 同时停车；图 8-40 中 M1 启动后 M2 才能启动，M2 可以和 M1 同时停车，也可以单独停车。

（2）联合控制与分别控制

生产机械在工作时需要联合工作，调整时需要单独动作，既有联合控制又有分别控制。图 8-39 为联合控制与分别控制的控制线路图，图中的两个接触器满足两台电动机的联合与分别控制。

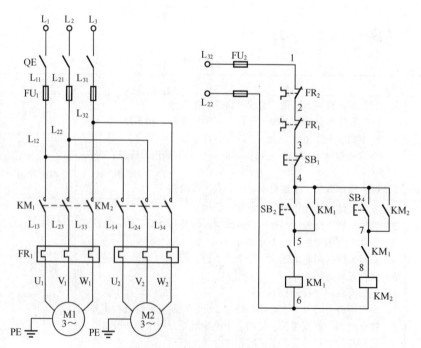

图 8-39　两台电动机的顺序控制

（3）集中控制与分散控制

图 8-40 为集中控制与分散控制的线路图，该线路的特点是操作简单、独立性更好。

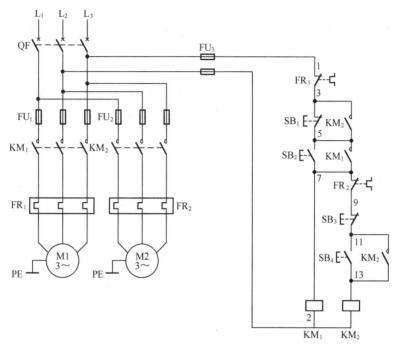

图 8-40　集中控制与分散控制的线路图

二、低压电器的基本结构

低压电器一般都有两个基本部分，即感受部分和执行部分。感受部分感受外界信号，并做出反应。自控电器的感受部分大多由电磁机构组成；手动电器的感受部分通常为电器的操作手柄。执行部分根据控制指令，执行接通或断开电路的任务。下面介绍电磁式低压电器的电磁机构和触头系统。

1. 电磁机构

电磁机构一般由线圈、铁心及衔铁等几部分组成，如图 8-41 所示。

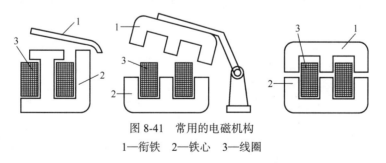

图 8-41　常用的电磁机构
1—衔铁　2—铁心　3—线圈

按通过线圈的电流种类分有交流电磁机构和直流电磁机构；按电磁机构的形状分有 E 形和 U 形两种；按衔铁的运动方式分有拍合式和直动式两大类。

（1）铁心

交流电磁机构和直流电磁机构的铁心（衔铁）有所不同，直流电磁铁由于通入的是直流电，其铁心不发热，只有线圈发热，因此线圈和铁心接触以利于散热，线圈形状做成无骨架、瘦高型，以改善自身的散热。

交流电磁铁由于通入的是交流电，铁心中存在磁滞损耗和涡流损耗，线圈和铁心都发热，所以交流电磁铁的线圈有骨架，使铁心和线圈隔离并将线圈制成短而厚的形状，以利于铁心和线圈的散热。铁心用硅钢片叠加而成，以减少涡流损耗。

（2）线圈

线圈是电磁机构的心脏，按接入线圈电源种类的不同，可分为直流线圈和交流线圈。根据励磁的需要，线圈可分为串联和并联两种，前者称为电流线圈，后者称为电压线圈，如图 8-42 所示。

（3）工作原理

当线圈中有工作电流通过时，通电线圈产生磁场，于是电磁吸力克服弹簧的反作用力使衔铁与铁心闭合，由连接机构带动相应的触头动作。

（4）短路环的作用

当线圈中通以直流电时，气隙磁场感应强度不变，直流电磁铁的电磁吸力为恒值。当线圈中通以交流电时，气隙磁场感应强度为交变量，交流电磁铁的电磁吸力在 0 和最大值之间变化，会产生剧烈的震动和噪声，因此交流电磁机构一般都有短路环，如图 8-43 所示，其作用是将磁通分相，使合成后的吸力在任一时刻都大于反力，消除震动和噪声。

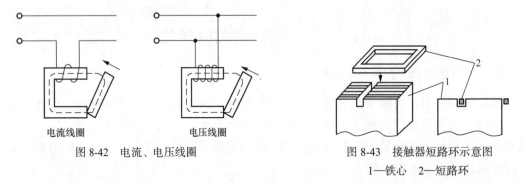

图 8-42　电流、电压线圈　　　　　图 8-43　接触器短路环示意图
电流线圈　　　　电压线圈　　　　　　　　　　　　1—铁心　2—短路环

2. 触头系统

触头是用来接通或断开电路的，其结构形式有很多种。下面介绍常见的几种触头分类方式。

（1）按其接触形式分为点接触、线接触和面接触 3 种，如图 8-44 所示。点接触允许通过的电流较小，常用于继电器电路或辅助触点。面接触和线接触允许通过的电流较大，常用于大电流的场合，如刀开关、接触器的主触头等。

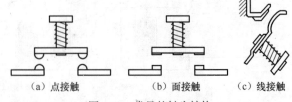

（a）点接触　　（b）面接触　　（c）线接触
图 8-44　常见的触头结构

（2）触头按控制的电路分为主触点和辅助触点。主触头用于接通或断开主电路，允许通过较大的电流。辅助触头用于接通或断开控制电路，只允许通过较小的电流。

（3）触头按原始状态分为常开触头和常闭触头。当线圈不带电时，动、静触头是分开的，称为常开触头；当线圈不带电时，动、静触头是闭合的，称为常闭触头。

3. 电弧的产生与熄灭

（1）电弧的产生

当动、静触头分开瞬间，两触头间距极小，电场强度极大，在高热及强电场的作用下，金属内部的自由电子从阴极表面逸出，奔向阳极。这些自由电子在电场中运动时撞击中性气体分子，使之激励和游离，产生正离子和电子，这些电子在强电场作用下继续向阳极移动，同时撞击其他中性分子。因此，在触头间隙中产生了大量的带电粒子，使气体导电形成了炽热的电子流即电弧。电弧产生高温并有强光，可将触头烧损，并使电路的切断时间延长，严重时可引起事故或火灾。

（2）电弧的分类

电弧分直流电弧和交流电弧。交流电弧有自然过零点，故其电弧较易熄灭。

（3）灭弧的方法

① 机械灭弧：通过机械将电弧迅速拉长，用于开关电路。

② 磁吹灭弧：在一个与触头串联的磁吹线圈产生的磁力作用下，电弧被拉长且被吹入由固体介质构成的灭弧罩内，电弧被冷却熄灭。

③ 窄缝灭弧：在电弧形成的磁场、电场力的作用下，将电弧拉长进入灭弧罩的窄缝中，使其分成数段并迅速熄灭，该方式主要用于交流接触器中。

④ 栅片灭弧：当触头分开时，产生的电弧在电场力的作用下被推入一组金属栅片而被分成数段，彼此绝缘的金属片相当于电极，因而就有很多阴阳极压降，对交流电弧来说，在电弧过零时使电弧无法维持而熄灭。交流电器常用栅片灭弧。

项目九 | 双重联锁的正反转控制电路的安装

 项目描述

电气控制是指通过电气自动控制的方式来控制生产过程。电气控制系统是指由电动机和若干电气元件按照一定要求用导线连接起来，以便完成生产过程控制特定功能的系统。电气控制线路主要包括电源电路、主电路、控制电路以及辅助电路 4 个方面的内容。任何复杂的电气控制线路都是按照一定的控制原则进行的，是由基本的控制线路组成的，在所有电器中电气线路的设置是必不可少的。线路是支持电器运行的最基本的元素。因此，电气控制的线路设计就非常重要，对实现电气的控制以及功能完备有非常重要的作用。

通过本项目的学习，学生在掌握电气图常用符号基本知识的基础上，应该学会布置电气元件，掌握电气安装接线的方法，掌握电动机的电动与连续运行电路的原理，能利用常用电工工具与仪表对电动机的正反转控制电路进行安装、调试，进一步掌握双重联锁的正反转控制电路的工作原理、安装等。同时在工作过程中注意培养自己严格遵守电拖安全操作规程的意识，继续培养团队合作、爱岗敬业、吃苦耐劳的精神。

 学习目标

（1）熟悉电气图的常用符号。

（2）掌握电动机的正反转控制电路的安装方法。

（3）能按照要求正确安装接触互锁的电动机正反转控制电路。

（4）掌握双重联锁的正反转控制电路的工作原理、安装步骤、注意事项。

（5）能按照现场管理 6S 要求（整理、整顿、清扫、清洁、素养、安全）安全文明生产。

（6）能进行学习资料的收集、整理与总结，培养良好的学习习惯。

项 目 制 作

一、所需仪器仪表、工具与材料的领取与检查

1. 所需仪器仪表、工具与材料

刀开关、熔断器、热继电器、交流接触器、按钮、端子排、万用表、常用电工工具及连接导线等。

2. 仪器仪表、工具与材料的领取

领取刀开关、熔断器等器材后，将对应的参数填写到表 9-1 中。

表 9-1　　　　双重联锁的正反转控制电路安装所需仪器仪表、工具与材料

序号	名称	型号	数量	备注
1	刀开关			
2	熔断器			
3	热继电器			
4	交流接触器			
5	按钮			
6	端子排			
7	万用表			
8	常用电工工具			
9	连接导线			

3. 检查领取的仪器仪表与工具

① 刀开关、熔断器、热继电器、交流接触器、按钮等是否正常，是否可使用。

② 万用表是否正常，连接导线等材料是否齐全、型号是否正确。

③ 工具数量是否齐全、型号是否正确，能否符合使用要求。

二、穿戴与使用绝缘防护用具

进入实训室或者工作现场，必须穿好工作服（长袖），戴好工作帽，长袖工作服不得卷袖。进入现场必须穿合格的工作鞋，任何人不得穿高跟鞋、网眼鞋、钉子鞋、凉鞋、拖鞋

等进入工作现场。

- 确认工作者穿好工作服。
- 确认工作者紧扣上衣领口、袖口。
- 确认工作者穿上绝缘鞋。
- 确认工作者戴好工作帽。

三、现场管理及仪器仪表、工具与材料的归还

（1）制作完成后，应及时对工作场地进行卫生清洁，使物品摆放整齐有序，保持现场的整洁，做到工作现场管理标准化（6S）。

（2）仪器仪表、工具与材料使用完毕后，应归还至相应管理部门或单位。

相 关 知 识

一、电气控制系统基础知识

1. 电气图的常用符号

（1）图形符号

图形符号是一种统称，通常指用图样或其他文字表示一个设备或概念的图形、标记或字符。图形符号含有符号要素、一般符号、限定符号，以及常用的非电气操作控制记录。

① 符号要素。

符号要素是一种具有确定意义的简单图形，必须同其他图形结合才能构成一个设备或概念的完整符号。如三相交流异步电动机图形符号由定子、转子及各自的引线等几个符号要素构成，这些符号要素要求有确切的含义，但一般不能单独使用。

② 一般符号。

一般符号是用于表示同一类产品和此类产品特性的一种简单符号，是各类元器件的基本符号。如电动机可用一个圆圈表示。一般符号广义上代表各类元器件，也可以表示没有附加信息或功能的具体元件。

③ 限定符号。

限定符号是用于提供附加信息的一种加在其他符号上的符号。如在电阻器一般符号的基础上加上不同的限定符号，就可组成可变电阻器、光敏电阻器、热敏电阻器等具有不同功能的电阻器。限定符号一般不能单独使用，一般符号有时也可作为限定符号。

④ 绘制图形符号注意事项。

- 所有符号应按无电压、无外力作用的正常状态表示，如按钮未按下。
- 在图形符号中，如果某设备元件有多个图形符号，尽可能选用优选图形符号；在能够表达清楚其含义的情况下，尽可能采用最简单的形式；在同一图号中图形应采用同一形式。
- 可将图形符号放大或缩小，但符号间比例要保持不变。可以将图形符号旋转或成镜像放置，但文字和指示方向不得倒置。

● 图形符号中导线符号可依据国家标准用不同宽度的线条表示，以突出和区分某些电路或连接线。常将电源或主信号导线用加粗的实线表示。

（2）文字符号

文字符号是用于表明电气设备，装置和元器件的名称、功能、状态和特性的，文字符号可以是标注在电气设备、装置和元器件上或近旁，标明其种类的字母代码和功能字母代码。

① 基本文字符号。

基本文字符号有字母符号与双字母符号两种。单字母符号按拉丁字母顺序将各种电气设备、装置和元器件划分为 23 类，每一类用一个专用单字母符号表示，如 C 表示电容器类，R 表示电阻器类等。

双字母符号由一个表示种类的单字母与另一个字母组成，且以单字母符号在前，另一个字母在后的次序排列，如 F 表示保护器件类，则 FU 表示熔断器，FR 表示热继电器。

② 辅助文字符号。

辅助文字符号用来表示电气设备、装置和元器件以及电路的功能、状态和特征，通常由英文单词的前一两个字母构成。如 L 表示限制，RD 表示红色等。辅助文字符号一般放在表示种类的单字母之后组成双字母符号，如 YB 表示制动电磁铁，SP 表示压力传感器等。辅助文字符号也可以单独使用，如 ON 表示接通。

（3）接线端子标记

为便于安装施工和故障检测，电气主回路和控制都必须加以标记。

① 三相交流电路引入线采用 L_1、L_2、L_3、N、PE 来标记，直流系统的电源正、负线分别用 L+、L–来标记。

② 电源开关之后的三相交流电源主电路采用三相文字符号 U、V、W 加上阿拉伯数字 1、2、3 等来标记。

③ 各电动机分支电路各节点标记采用三相文字代号后面加数字来表示，数字中十位数表示电动机代号，个位数表示该支路各节点代号。例如，U_{21} 表示 M2 电动机的第一相的第一个节点代号，以此类推。

④ 三相电动机定子绕组首端分别用 U_1、V_1、W_1 来标记，绕组尾端分别用 U_2、V_2、W_2 来标记，电动机绕组中间抽头分别用 U_3、V_3、W_3 来标记。

⑤ 控制电路采用阿拉伯数字编号，一般由 3 位或 3 位以下的数字组成。标注方法按"等电位"原则进行。在垂直绘制的电路中，标号顺序一般按自上而下、从左至右的规律编号。凡是被线圈、绕组、电阻、电容、触点等元件所间隔的接线端点，都应标以不同的线号。

2. 电气图

（1）概述

电气原理图一般分为主电路和辅助电路两个部分。主电路是电气控制线路中强电流通过的部分，是由电机以及与它相连接的电气元件如组合开关、接触器的主触点、热继电器的热元件、熔断器等组成的线路。辅助电路中通过的电流较小，包括控制电路、照明电路、信号电路及保护电路。其中，控制电路是由按钮、继电器和接触器的吸引线圈和辅助触点等组成。一般来说，信号电路是附加的，如果将它从辅助电路中分开，并不影响辅助电路工作的完整性。电气原理图能够清楚地表明电路的功能，对于分析电路的工作原理十分方便。

（2）绘制电气原理图的原则

① 电器原理图应按所规定的图形、文字符号绘制。

② 主电路、控制电路和辅助电路应分开绘制。

● 主电路是设备的驱动电路，是从电源到电动机的大电流通过的电路，应画在原理图的左边。

● 控制电路是由接触器和继电器线圈、触点、按钮、开关等组成的，用来控制线圈得电、失电的小电流通过的电路，一般画在原理图的中间。

● 辅助电路画在原理图的右边。一般主电路用粗实线绘制在图的左侧或上方，辅助电路用细实线绘制在图的右侧或下方。

③ 电路应按功能组合。同一功能的相关电气元件应画在同一条支路上，同一电气元件的各个部分按其功能分别画在不同的支路中，用同一文字符号标出。若有几个相同的电气元件，则在文字符号后面标出 1，2，3……

④ 所有电气元件的可动部分均以无电压、无外力状态画出。

⑤ 有直接电联系的交叉导线的连接点（即导线交叉处）要用实心圆表示；无直接电联系的交叉导线，交叉处不能画实心圆点。原理图上尽可能减少线条和避免线条交叉。

⑥ 电路应按动作顺序和信号流向自左而右或自上而下排列。为了便于阅读，可将图分为若干图区，图区编号一般写在图的下面；每个电路的功能一般在图的顶部标明。

⑦ 由于同一电气元件的部件分别画在不同功能的支路，为了便于阅读，应在原理图控制电路的下面给出相应"符号位置索引"。

⑧ 对于电气控制有关的机、液、气等装置应用符号绘出简图，表示其关系。一般要求原理图的绘制层次分明，各电气元件以及它们的触点安排合理，保证电气控制线路运行可靠，节省连接导线，方便施工、维修。

（3）图面区域的划分

为了方便检索电气线路和阅读电气原理图，应将图面划分为若干区域，图区的编号一般写在图的下部。图的上方设有用途栏，用文字注明该栏对应电路或元件的功能，便于理解原理图各部分的功能及全电路的工作原理。

例如，图 9-1 所示为电动机正反转的电气原理图。

（4）电路图中技术数据的标注

电路图中元器件的数据和型号（如热继电器动作电流和整定值的标注、导线截面积等）可用小号字体标注在电器文字符号的下面。

3. 元件布置图

电器元件布置图主要是表明电气设备上所有电气元件的实际位置，为电气设备的安装及维修提供必要的资料。

电器元件布置图可根据电气设备的复杂程度集中绘制或分别绘制。图中不需标注尺寸，但是各电气元件代号应与有关图纸和电气元件清单上所有的元件代号相同，在图中往往留有 10%以上的备用面积及导线管（槽）的位置，以供改进设计时用。图 9-2 所示为电动机正反转的元件布置图。

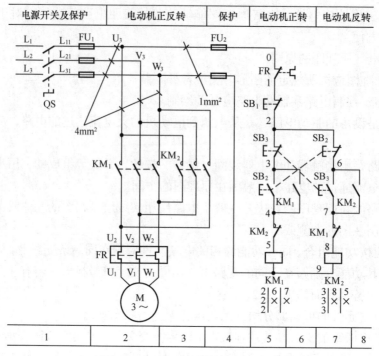

图 9-1　电动机正反转的电气原理图

电器元件布置图的绘制原则如下。

① 绘制电器元件布置图时,机床的轮廓线用细实线或点划线表示,电器元件均用粗实线绘制出简单的外形轮廓。

② 绘制电器元件布置图时,电动机要和被拖动的机械装置画在一起,行程开关应画在获取信息的地方,操作手柄应画在便于操作的地方。

③ 绘制电器元件布置图时,各电气元件之间,上、下、左、右应保持一定的间距,并且应考虑元件的发热和散热因素,以便于布线、接线盒检修。

4. 电气安装接线图

电气安装接线图主要用于电气设备的安装配线、线路检查、线路维修和故障处理。在图中要表

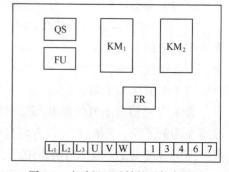

图 9-2　电动机正反转的元件布置图

示出各电气设备、电气元件之间的实际安装位置和接线情况,并标注出外部接线所需的数据。图 9-3 所示为电动机正反转的接线图。

电气安装接线图的绘制原则如下。

① 文字符号及接线端编号都必须与电气原理图一致。

② 要表示出各电气元件的位置及接线情况,同一电气元件各部件画在一起。

③ 在图上或列表标明连接导线的根数、截面积和颜色,以及穿线套管的直径和长度。

④ 对较为复杂的电气控制线路,可根据在生产机械上的实际安装位置,画出安装图和电气元件明细表。

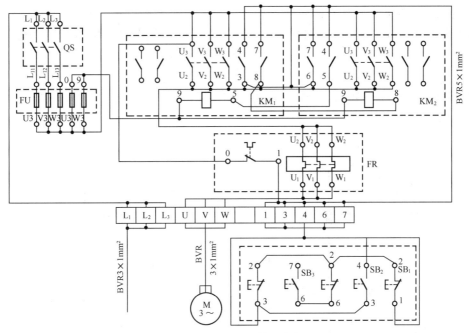

图 9-3　电动机正反转的接线图

二、电动机的点动与连续运行电路

在点动控制与单向连续运行控制的基础上增加一个复合按钮，即可成为单向点动与连续运行控制电路，其电路图如图 9-4 所示。

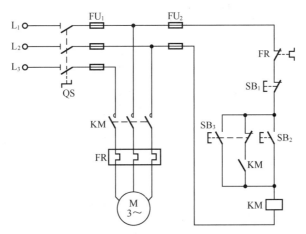

图 9-4　电动机的点动与连续运行电路

三、电动机正反转控制电路

单向正转自锁控制电路只能使电动机朝一个方向旋转，带动生产机械的运动部件朝一个方向运动。但许多生产机械往往要求运动部件能向正、反两个方向运动，如机床工作台的前进与后退、万能铣床主轴的正转与反转、起重机的上升与下降等，这些生产机械要求电动机能实现正反转控制。

1. 改变三相异步电动机转向的方法

改变通入电动机定子绕组的三相电的相序，即把接入电动机三相电源进线中的任意两根对调即可。

2. 主电路的设计

主电路由三相电源、电源开关、熔断器、两个接触器、热继电器热元件、电动机组成，如图 9-5 所示。

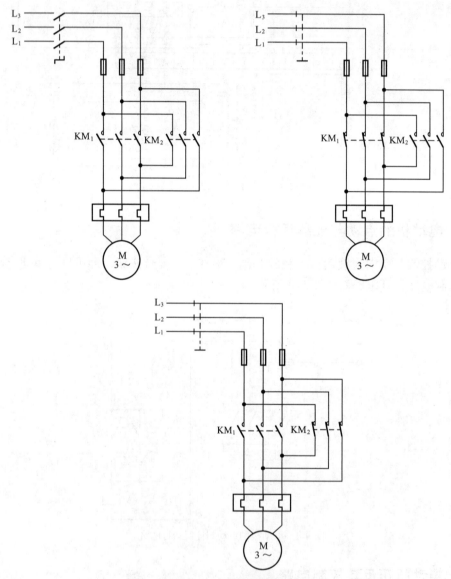

图 9-5 主电路设计图

下面我们思考一下，如果两个接触器 KM_1、KM_2 都闭合将会如何？

如图 9-6 所示，两个接触器 KM_1、KM_2 都闭合时，L_1、L_3 发生了短路。所以在设计控制电路时应注意不要让 KM_1 和 KM_2 的线圈同时得电。

3．控制电路的设计

控制电路可由控制两个方向的单向自锁电路组成，如图 9-7 所示。

工作原理如下。

（1）按下 SB_1，KM_1 线圈得电并自锁，电动机正转。

（2）按下 SB_3，KM_1 线圈失电，电动机停转。

（3）按下 SB_2，KM_2 线圈得电并自锁，电动机反转。

（4）按下 SB_1 启动正转，不按 SB_3 停止而直接按 SB_2，KM_1 和 KM_2 线圈会同时得电，KM_1 和 KM_2 主触点会同时闭合而发生短路。

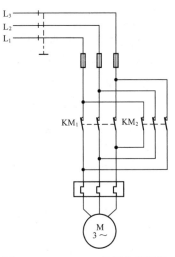

图 9-6　KM_1、KM_2 都闭合的情况

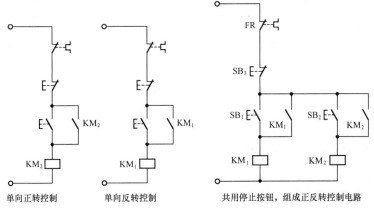

单向正转控制　　　　单向反转控制　　　　共用停止按钮，组成正反转控制电路

图 9-7　控制电路设计图

四、接触器互锁的正反转控制电路

在上面的电路上加了两个接触器的常闭辅助触点，即构成接触器互锁的正反转控制电路，如图 9-8 所示。

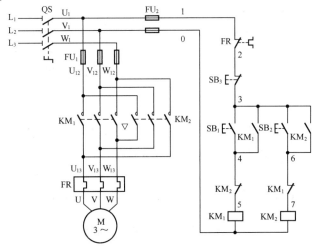

图 9-8　接触器互锁的正反转控制电路

1. 工作原理

闭合 QS 后，电路通电。

正转：按下正转按钮 SB_1，SB_1 常闭触点先断开，然后常开触点闭合，KM_1 线圈得电，KM_1 常开触点闭合自锁，KM_1 主触点闭合，电动机启动正转。

反转：按下反转按钮 SB_2，SB_2 常闭触点先断开，KM_1 线圈失电，KM_1 常开触点断开接触自锁，KM_1 主触点断开，电动机停转。然后 SB_2 常开触点闭合，KM_2 线圈得电，KM_2 常开触点闭合自锁，KM_2 主触点闭合，电动机启动反转。

停止：按下停止按钮 SB_3，KM_2 线圈失电，KM_2 常开触点断开解除自锁，KM_2 主触点断开，电动机停转。

此时，如果按下正转启动按钮 SB_1，因为 KM_2 的常闭辅助触点断开，按下 SB_1 后，KM_1 线圈不能得电，所以不会发生短路事故，但是也不能实现正转。

2. 互锁和互锁触点

在此电路中，KM_1 和 KM_2 的常闭辅助触点和对方的线圈串联，起着相互制约、防止同时得电的作用，我们把接触器之间的这种相互制约的关系叫作互锁。把实现互锁作用的接触器的常闭辅助触点称为互锁触点。

技 能 训 练

一、双重联锁的正反转控制电路

1. 双重联锁正反转控制线路原理图

双重联锁正反转控制线路原理图如图 9-9 所示。

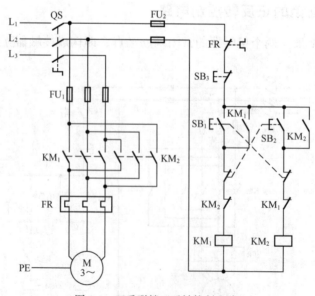

图 9-9　双重联锁正反转控制电路

2. 双重联锁正反转控制电路的工作原理

（1）正转控制

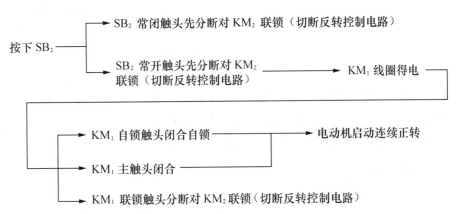

（2）反转控制

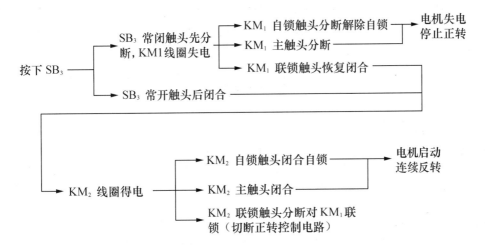

（3）停止

不论是在正转还是反转工作状态下，只要按下 SB₁，整个控制电路失电，接触器各触点复位，电动机失电停转。

3. 安装步骤

（1）根据电机功率的大小选配元件的规格。

（2）清点各元件的规格和数量，并检查各个元件是否完好无损。

（3）根据原理图，设计并画出安装图，作为接线安装的依据。

（4）安装固定元件。

（5）按图施工，安装接线。

（6）接线完毕，经检查无误后方可通电试车。

4. 双重联锁正反转控制线路的优点

接触器联锁正反转控制线路虽工作安全可靠，但操作不方便；而按钮联锁正反转控制线路虽操作方便但容易产生电源两相短路故障。双重联锁正反转控制线路则兼有两种联锁控制线路的优点，操作方便，工作安全可靠。

5. 注意事项

（1）各个元件的安装位置要适当，安装要牢固、排列要整齐。

（2）按钮使用规定：红色——SB$_3$停止控制；绿色——SB$_1$正转控制；黑色——SB$_2$反转控制。

（3）按钮、电机等金属外壳都必须接地，采用黄绿双色线。

（4）主电路必须换相（即V相不变，U相与W相对换），才能实现正反转控制。

（5）接线时，不能将控制正反转的接触器自锁触头互换，否则只能点动。

（6）接线完毕后，必须先检查，确认无误后方可通电。

（7）通电时必须有老师在现场监护，做到安全文明生产。

二、现场管理要求

进入工作现场时，正确穿戴工作服、工作帽，注意自身与他人的工作安全；使用常用电施工具进行正反转控制电路的安装时，应按照正反转控制电路的安装要求进行操作，防止器件的损坏。注意团队成员相互间的人身安全，分工合作，共同完成正反转控制电路的安装与调试。工作结束后，应及时对工作场地进行卫生清洁，使物品摆放整齐有序，保持现场的整洁，做到标准化管理。

考 核 评 价

本项目的考核评价表见表9-2。

表9-2　　　　　　　　　　　　考核评价表

考核项目	考核内容	考核方式	比重
态度	1. 工作现场整理、整顿、清理不到位，扣5分 2. 通电发生短路故障，扣5分；损坏实训设备，扣5分 3. 操作期间不能做到安全、整洁等，扣5分 4. 不遵守教学纪律，有迟到、早退、玩手机等违纪现象，每次扣5分 5. 进入操作现场，未按要求穿戴装备，每次扣5分	学生自评 + 学生互评 + 教师评价	30%
技能	1. 电器元件漏检或错检，每处扣5分 2. 元件布置不合理、不整齐、不均匀，每个扣2分 3. 元件安装不牢固，每个扣2分 4. 安装元件时漏装木螺丝，每个扣1分 5. 损伤元件，扣5分 6. 不按电路图接线，扣10分 7. 布线不符合要求，主电路每处扣2分，控制电路每处扣1分 8. 接点松动、露铜过长、反圈、压绝缘层等，每处扣1分 9. 进行技能答辩，每答错一次扣3分 10. 不会撰写项目报告，扣10分	教师评价 + 学生互评	40%
知识	1. 不熟悉电气图常用符号，扣2分 2. 没有掌握元件布置图，扣2分 3. 没有掌握电气安装图，扣2分 4. 没有掌握电动机正反转控制电路，扣5分 5. 没有掌握双重联锁的正反转控制电路工作原理、安装步骤，扣5分 6. 进行知识答辩，每答错一次扣3分	教师评价	30%

拓 展 提 高

直流电动机

1. 概念

直流电动机是将直流电能转换为机械能的电动机，因其良好的调速性能而在电力拖动中得到广泛应用。直流电动机按励磁方式分为永磁、他励和自励 3 类，其中自励又分为并励、串励和复励 3 种。

2. 基本构造

直流电动机分为两部分：定子与转子。注意：不要把换向极与换向器混淆了。定子包括：主磁极、机座、换向极、电刷装置等。转子包括：电枢铁心、电枢绕组、换向器、轴和风扇等。

直流电动机转子部分由电枢铁心、电枢绕组、换向器等装置组成，下面对构造中的各部件进行详细介绍。

（1）电枢铁心部分：作用是嵌放电枢绕组和颠末磁通，以降低电机工作时电枢铁绕组中的涡流损耗和磁滞损耗。

（2）电枢绕组：作用是产生电磁转矩和感应电动势，而进行能量变换。电枢绕组有许多线圈或玻璃丝包裹扁钢铜线或强度漆包线。

（3）换向器又称整流子，在直流电动机中，它的作用是将电刷上的直流电源的电流变换成电枢绕组内的沟通电流，使电磁转矩的倾向稳定不变，在直流发电机中，它将电枢绕组沟通电动势变换为电刷端上输出的直流电动势。换向器由许多换向片组成的圆柱体，换向片之间用云母绝缘，电枢绕组每一个线圈两端分别接在两个换向片上。直流发电机中换向器的作用是把电枢绕组中的交变电动势变换为电刷间的直流电动势，负载中就有电流通过，直流发电机向负载输出电功，同时电枢线圈中也肯定有电流通过。它与磁场相互作用形成电磁转矩，其转向与发电机相反。

3. 励磁方式

直流电机的励磁方式是指对励磁绕组如何供电、产生励磁磁动势而建立主磁场的问题。根据励磁方式的不同，直流电机可分为下列几种类型。

（1）他励直流电机

励磁绕组与电枢绕组无连接关系，而由其他直流电源对励磁绕组供电的直流电机称为他励直流电机。

（2）并励直流电机

并励直流电机的励磁绕组与电枢绕组相并联。作为并励发电机来说，是电机本身发出来的端电压为励磁绕组供电；对于并励电动机来说，励磁绕组与电枢共用同一电源，从性能上讲与他励直流电动机相同。

（3）串励直流电机

串励直流电机的励磁绕组与电枢绕组串联后，再接于直流电源。这种直流电机的励磁电流就是电枢电流。

（4）复励直流电机

复励直流电机有并励和串励两个励磁绕组。若串励绕组产生的磁通势与并励绕组产生的磁通势方向相同称为积复励。若两个磁通方向相反，则称为差复励。

不同励磁方式的直流电机有着不同的特性。一般情况直流电动机的主要励磁方式是并励式、串励式和复励式，直流发电机的主要励磁方式是他励式、并励式和复励式。

4. 特点

（1）调速性能好

调速性能是指电动机在一定负载的条件下，根据需要，人为地改变电动机的转速。直流电动机可以在重负载条件下，实现均匀、平滑的无级调速，而且调速范围较宽。

（2）启动力矩大

启动转矩大可以均匀而经济地实现转速调节。因此，凡是在重负载下启动或要求均匀调节转速的机械，都用直流。例如，大型可逆轧钢机、卷扬机、电力机车、电车等。

5. 按有无电刷分类

（1）无刷直流电动机

无刷直流电动机是将普通直流电动机的定子与转子进行了互换。其转子为永久磁铁产生气隙磁通；定子为电枢，由多相绕组组成。在结构上，它与永磁同步电动机类似。

无刷直流电动机定子的结构与普通的同步电动机或感应电动机相同。在铁心中嵌入多相绕组（三相、四相、五相不等）。绕组可接成星形或三角形，并分别与逆变器的各功率管相连，以便进行合理换相。转子多采用钐钴或钕铁硼等高剩磁密度的稀土料，由于磁极中磁性材料所放位置的不同，可以分为表面式磁极、嵌入式磁极和环形磁极。由于电动机本体为永磁电机，所以习惯上把无刷直流电动机也叫作永磁无刷直流电动机。

（2）有刷直流电动机

有刷电动机的两个刷（铜刷或者碳刷）是通过绝缘座固定在电动机后盖上，直接将电源的正负极引入到转子的换相器上，而换相器连通了转子上的线圈，3个线圈极性不断地交替变换与外壳上固定的2块磁铁形成作用力而转动起来。由于换相器与转子固定在一起，而电刷与外壳（定子）固定在一起，电动机转动时电刷与换相器不断地发生摩擦产生大量的阻力与热量。所以有刷电机的效率低下，损耗非常大，但是它同样具有制造简单，成本低廉的优点。

项目十

Y-△降压启动控制电路的安装

项目描述

前面项目所讲的电路都是电动机直接启动电路，直接启动电路的优点是电气设备少、线路简单、维修量较少。异步电动机直接启动时，启动电流一般为额定电流的4～7倍。在电源变压器容量不够大而电动机功率较大的情况下，直接启动将导致电源变压器输出电压下降，不仅减少电动机本身的启动转矩，而且会影响同一供电线路中其他电气设备的正常工作。因此，较大容量的电动机需采用降压启动。

通过本项目的学习，学生要了解三相异步电动机的基本构造与转动原理，理解电动机顺序控制电路，包括主电路和控制电路的顺序控制电路，掌握电气故障分析方法，能利用常用电工工具与仪表对Y-△降压启动控制电路进行安装、检修，能进行线路检测与故障排除。同样，要培养自己在工作过程中严格遵守电拖安全操作规程的意识，培养团队合作、爱岗敬业、吃苦耐劳的精神。

 学习目标

（1）掌握三相异步电动机的结构与转动原理。
（2）了解电动机顺序控制电路。
（3）会分析Y-△降压启动控制电路的工作原理。
（4）能按照要求正确安装Y-△降压启动控制电路。
（5）掌握Y-△降压启动控制电路的线路检测、故障排除方法。
（6）掌握电气故障分析方法，会阅读电气原理图。
（7）能进行学习资料的收集、整理与总结，培养良好的学习习惯。

项 目 制 作

一、所需仪器仪表、工具与材料的领取与检查

1. 所需仪器仪表、工具与材料

刀开关、熔断器、热继电器、交流接触器、按钮、端子排、万用表、常用电工工具及连接导线等。

2. 仪器仪表、工具与材料的领取

领取刀开关、熔断器等器材后，将对应的参数填写到表 10-1 中。

表 10-1　　　　　　　　万用表焊接所需仪器仪表、工具与材料

序号	名称	型号	规格与主要参数	数量	备注
1	刀开关				
2	熔断器				
3	热继电器				
4	交流接触器				
5	按钮				
6	端子排				
7	万用表				
8	常用电工工具				
9	连接导线				

3. 检查领取的仪器仪表与工具

① 刀开关、熔断器、热继电器、交流接触器、按钮等是否正常，是否可使用。

② 万用表是否正常，连接导线等材料是否齐全、型号是否正确。

③ 工具数量是否齐全、型号是否正确、能否符合使用要求。

二、穿戴与使用绝缘防护用具

进入实训室或者工作现场，必须穿好工作服（长袖），戴好工作帽，长袖工作服不得卷袖。进入现场必须穿合格的工作鞋，任何人不得穿高跟鞋、网眼鞋、钉子鞋、凉鞋、拖鞋等进入工作现场。

- 确认工作者穿好工作服。
- 确认工作者紧扣上衣领口、袖口。
- 确认工作者穿上绝缘鞋。
- 确认工作者戴好工作帽。

三、现场管理及仪器仪表、工具与材料的归还

（1）制作完成后，应及时对工作场地进行卫生清洁，使物品摆放整齐有序，保持现场的整洁，做到工作现场管理标准化（6S）。

（2）仪器仪表、工具与材料使用完毕后，应归还至相应管理部门或单位。

① 归还刀开关、熔断器、热继电器、按钮、端子排、万用表、常用电工工具及连接导线等。

② 归还交流接触器以及相应材料。

相 关 知 识

一、三相异步电动机的构造

三相异步电动机的两个基本组成部分为定子（固定部分）和转子（旋转部分）。此外还有端盖、风扇等附属部分，如图 10-1 所示。

1. 定子

三相异步电动机的定子由定子铁心、定子绕组和机座 3 部分组成。定子铁心由厚度为 0.5mm 的相互绝缘的硅钢片叠成，硅钢片内圆上有均匀分布的槽，其作用是钳放定子三相绕组 AX、BY、CZ。定子绕组为三相用漆包线绕制好的对称嵌入定子铁心槽内的相同线圈，这三相绕组可接成星形或三角形。机座用铸铁或铸钢制成，其作用是固定铁心和绕组。

2. 转子

三相异步电动机的转子由转子铁心、转子绕组和转轴 3 部分组成。转子铁心由厚度为 0.5mm 的相互绝缘的硅钢片

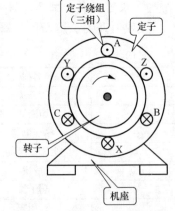

图 10-1 三相电动机的结构示意图

叠成，硅钢片外圆上有均匀分布的槽，其作用是钳放转子三相绕组。转子绕组转子绕组有两种形式：鼠笼式——鼠笼式异步电动机；绕线式——绕线式异步电动机。转轴上加机械负载。

鼠笼式电动机由于构造简单、价格低廉、工作可靠、使用方便，成为了生产上应用最

广泛的一种电动机。

为了保证转子能够自由旋转，在定子与转子之间必须留有一定的空气隙，中小型电动机的空气隙为 0.2 ~ 1.0mm。

二、三相异步电动机的转动原理

1. 基本原理

为了说明三相异步电动机的工作原理，我们做如下演示实验，如图 10-2 所示。

（1）演示实验：在装有手柄的蹄形磁铁的两极间放置一个闭合导体，当转动手柄带动蹄形磁铁旋转时，将发现导体也跟着旋转；若改变磁铁的转向，则导体的转向也跟着改变。

（2）现象解释：当磁铁旋转时，磁铁与闭合的导体发生相对运动，鼠笼式导体切割磁力线而在其内部产生感应电动势和感应电流。感应电流又使导体受到一个电磁力的作用，于是导体就沿磁铁的旋转方向转动起来，这就是异步电动机的基本原理。

转子转动的方向和磁极旋转的方向相同。

（3）结论：欲使异步电动机旋转，必须有旋转的磁场和闭合的转子绕组。

2. 旋转磁场

（1）旋转磁场的产生

图 10-3 表示最简单的三相定子绕组 AX、BY、CZ，它们在空间按互差 120° 的规律对称排列，并接成星形与三相电源 U、V、W 相联。则三相定子绕组便通过三相对称电流，随着电流在定子绕组中通过，在三相定子绕组中就会产生旋转磁场，如图 10-4 所示。

$$\begin{cases} i_U = I_m \sin \omega t \\ i_V = I_m \sin(\omega t - 120°) \\ i_W = I_m \sin(\omega t + 120°) \end{cases}$$

图 10-2　三相异步电动机工作原理　　　　图 10-3　三相异步电动机定子接线

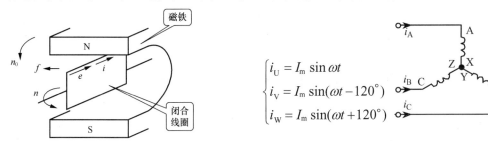

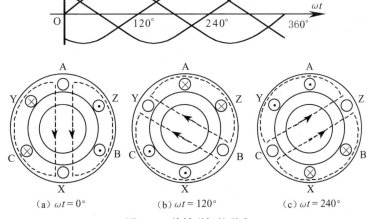

（a）$\omega t = 0°$　　　　（b）$\omega t = 120°$　　　　（c）$\omega t = 240°$

图 10-4　旋转磁场的形成

当 $\omega t=0°$ 时，$i_A=0$，AX 绕组中无电流；i_B 为负，BY 绕组中的电流从 Y 流入 B 流出；i_C 为正，CZ 绕组中的电流从 C 流入 Z 流出；由右手螺旋定则可得合成磁场的方向如图 10-4（a）所示。

当 $\omega t=120°$ 时，$i_B=0$，BY 绕组中无电流；i_A 为正，AX 绕组中的电流从 A 流入 X 流出；i_C 为负，CZ 绕组中的电流从 Z 流入 C 流出；由右手螺旋定则可得合成磁场的方向如图 10-4（b）所示。

当 $\omega t=240°$ 时，$i_C=0$，CZ 绕组中无电流；i_A 为负，AX 绕组中的电流从 X 流入 A 流出；i_B 为正，BY 绕组中电流从 B 流入 Y 流出；由右手螺旋定则可得合成磁场的方向如图 10-4（c）所示。

可见，当定子绕组中的电流变化一个周期时，合成磁场也按电流的相序方向在空间旋转一周。随着定子绕组中的三相电流不断地做周期性变化，产生的合成磁场也不断地旋转，因此称为旋转磁场。

（2）旋转磁场的方向

旋转磁场的方向是由三相绕组中电流相序决定的，若想改变旋转磁场的方向，只要改变通入定子绕组的电流相序，即将 3 根电源线中的任意两根对调即可。这时，转子的旋转方向也跟着改变。

3. 三相异步电动机的极数与转速

（1）极数（磁极对数 p）

三相异步电动机的极数就是旋转磁场的极数。旋转磁场的极数和三相绕组的安排有关。

当每相绕组只有一个线圈，绕组的始端之间相差 120° 空间角时，产生的旋转磁场具有一对极，即 $p=1$。

当每相绕组为两个线圈串联，绕组的始端之间相差 60° 空间角时，产生的旋转磁场具有两对极，即 $p=2$。

同理，如果要产生三对极，即 $p=3$ 的旋转磁场，则每相绕组必须有均匀安排在空间的串联的 3 个线圈，绕组的始端之间相差 40°（即 120° $/p$）空间角。极数 p 与绕组的始端之间的空间角的关系为 $\theta=\dfrac{120°}{p}$。

（2）转速 n_0

三相异步电动机旋转磁场的转速 n_0 与电动机磁极对数 p 有关，它们的关系是

$$n_0=\frac{60f_1}{p} \tag{10-1}$$

由式（10-1）可知，旋转磁场的转速 n_0 决定于电流频率 f_1 和磁场的极数 p。对某一异步电动机而言，f_1 和 p 通常是一定的，所以磁场转速 n_0 是个常数。

在我国，工频 $f_1=50\text{Hz}$，因此对应于不同极对数 p 的旋转磁场转速 n_0，如表 10-2 所示。

表 10-2　　　　　　　　　　　不同 p 对应的 n_0

p	1	2	3	4	5	6
$n_0/(\text{r}\cdot\text{min}^{-1})$	3000	1500	1000	750	600	500

（3）转差率 s

电动机转子转动方向与磁场旋转的方向相同，但转子的转速 n 不可能达到与旋转磁场的转速 n_0 相等，否则转子与旋转磁场之间就没有相对运动，因而磁力线就不切割转子导体，转子电动势、转子电流以及转矩也就都不存在。也就是说旋转磁场与转子之间存在转速差，因此我们把这种电动机称为异步电动机，又因为这种电动机的转动原理是建立在电磁感应基础上的，故又称为感应电动机。

旋转磁场的转速 n_0 常称为同步转速。

转差率 s 是用来表示转子转速 n 与磁场转速 n_0 相差的程度的物理量。即

$$s = \frac{n_0 - n}{n_0} = \frac{\Delta n}{n_0} \qquad （10\text{-}2）$$

转差率是异步电动机的一个重要的物理量。当旋转磁场以同步转速 n_0 开始旋转时，转子则因机械惯性尚未转动，转子的瞬间转速 $n=0$，这时转差率 $s=1$。转子转动起来之后，$n>0$，n_0-n 的值减小，电动机的转差率 $s<1$。如果转轴上的阻转矩加大，则转子转速 n 降低，即异步程度加大，才能产生足够的感受电动势和电流，产生足够大的电磁转矩，这时的转差率 s 增大。反之，s 减小。异步电动机运行时，转速与同步转速一般很接近，转差率很小，在额定工作状态下为 0.015～0.06。

根据式（10-2），可以得到电动机的转速常用公式

$$n = (1-s)n_0 \qquad （10\text{-}3）$$

例： 有一台三相异步电动机，其额定转速 $n=975$r/min，电源频率 $f=50$Hz，求电动机的极数和额定负载时的转差率 s。

解： 由于电动机的额定转速接近而略小于同步转速，而同步转速对应于不同的极对数有一系列固定的数值。显然，与 975r/min 最相近的同步转速 $n_0=1000$r/min，与此相应的磁极对数 $p=3$。因此，额定负载时的转差率为

$$s = \frac{n_0 - n}{n_0} \times 100\% = \frac{1000 - 975}{1000} \times 100\% = 2.5\%$$

（4）三相异步电动机的定子电路与转子电路

三相异步电动机中的电磁关系同变压器类似，定子绕组相当于变压器的原绕组，转子绕组（一般是短接的）相当于副绕组。给定子绕组接上三相电源电压，则定子中就有三相电流通过，此三相电流产生旋转磁场，其磁力线通过定子和转子铁心而闭合，这个磁场在转子和定子的每相绕组中都要感应出电动势。

技 能 训 练

一、电动机顺序控制电路

1. 概念

在多台电动机驱动的生产机械上，各台电动机所起的作用不同，设备有时要求某些电动机按一定顺序启动并工作，并保证操作过程的合理性和设备工作的可靠性。例如，机械

加工车床的主轴启动时必须先让油泵电动机启动，以使齿轮箱有充分的润滑油。这对电动机启动过程提出了顺序控制的要求，实现顺序控制要求的电路称为顺序控制电路。

2. 主电路实现顺序控制的电路图

主电路的顺序控制电路图如图 10-5 所示。

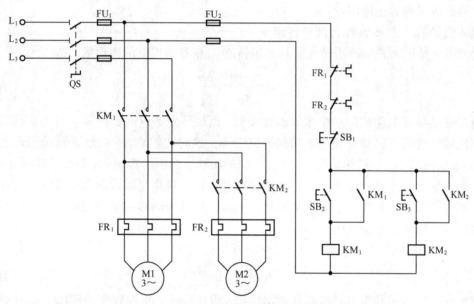

图 10-5　主电路实现顺序控制的电路图

二、电动机控制电路的顺序控制电路

控制电路实现的顺序控制可分为手动顺序控制和自动顺序控制，手动顺序控制电路如图 10-6 所示，自动顺序控制电路如图 10-7 所示。

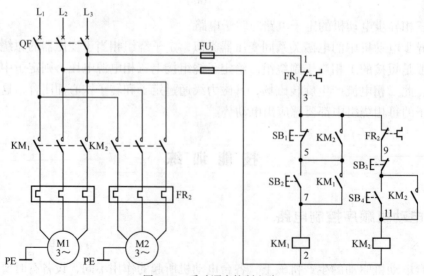

图 10-6　手动顺序控制电路

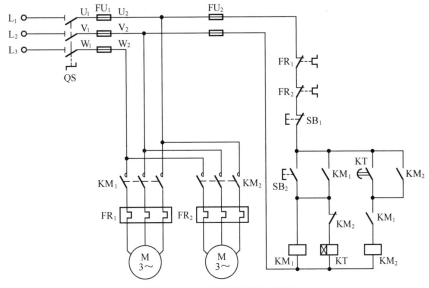

图 10-7 自动顺序控制电路图

三、Y-△降压启动控制的安装与检修

1. 星形、三角形的连接

星形和三角形的连接方式如图 10-8 所示。

2. 电路分析

（1）说明

异步电动机直接启动时，启动电流一般为额定电流的 4~7 倍。在电源变压器容量不够大而电动机功率较大的情况下，直接启动将导致电源变压器输出电压下降，不仅减小电动机本身的启动转矩，而且会影响同一供电线路中其他设备的正常工作。一般规定：电源容量在 180kV 以上，电动机容量在 7kW 以下的三相异步电动机可采用直接启动。

常见的降压启动方法有 4 种：定子绕组串接电阻降压启动、自耦变压器降压启动、Y-△降压启动、延边△降压启动。

Y-△降压启动是指电动机启动时，把定子绕组接成Y形，以降低启动电流。待电动机启动后，再把定子绕组改接成△形，使电动机全压运行。

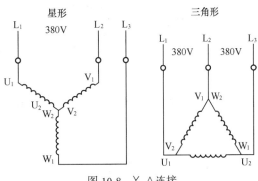

图 10-8 Y-△连接

凡是在正常运行时定子绕组做△形连接的异步电动机，均可以采用这种降压启动方法。

电动机启动时接成Y形，加在每相定子绕组上的启动电压只有△形接法的 $1/\sqrt{3}$，启动线电流为△形接法的 1/3，启动转矩也只有△形接法的 1/3，所以这种降压启动方法只适用于轻载或空载下启动。

Y-△降压启动电路控制线路主要有手动控制，按钮、接触器控制，时间继电器自动控制等 3 种控制线路。其中手动控制线路有定型产品 QX1\QX2 两个系列，时间继电器自动控制线路有定型产品 QX3\QX 4 两个系列。这里主要介绍后两种线路。

（2）电路图

按钮、接触器控制丫-△降压启动电路图如图 10-9 所示。

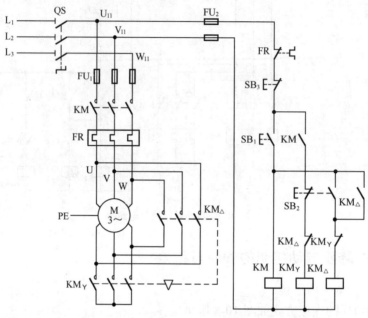

图 10-9　按钮、接触器控制丫-△降压启动电路图

3. 工作原理

先合上电源开关 QS。

（1）电动机丫形接法降压启动

（2）电动机形△接法全压运行（当电动机转速上升并接近额定值时）

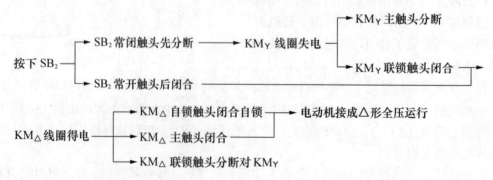

（3）停止时，按下 SB₃ 即可实现。

4. 安装步骤及工艺要求

（1）安装步骤

① 按上表配齐所用的电器元件，并检查元件质量。

② 画出元件布置图，安装电器元件和走线槽，并贴上醒目的文字符号。

③ 按照电路图进行板前线槽布线，并在线头上套编码套管和冷压接线头。

④ 安装电动机。

⑤ 可靠连接电动机和电器元件金属外壳的保护接地线。

⑥ 自检。

⑦ 检查无误后通电试车。

（2）工艺要求

① 位置：整齐、匀称、间距合理、便于更换元件。

② 紧固：用力均匀，紧固适当。一手按住轻摇，一手旋紧对角螺钉，摇不动时再稍紧即可。

③ 通道宜少，同路并行时，主、控分类集中，单层密排，紧贴板面。

④ 同一平面时，高低一致，前后一致，不能交叉。非交叉不可时，接线端子引出，水平架空跨越，且须走线合理。同一元件、同一回路的不同接点，导线间距保持一致。

⑤ 不损线芯与绝缘。横平竖直，分布均匀，拐角垂直。

⑥ 顺序：以 KM 为中心，由里向外，由低到高，先主后控，不妨后线。

⑦ 两端剥削绝缘层，套上编码。导线连续，中间无接头。

⑧ 接点符合要求：不压胶、不露芯、不反圈、尽量不交叉、不损线芯、绝缘。

（3）注意事项

① 用 Y-$\triangle$ 降压启动控制的电动机，必须有 6 个出线端子，而且定子绕组在 $\triangle$ 形接法时的额定电压等于三相电源的线电压。

② 接线时要保证电动机 $\triangle$ 形接法的正确性，即接触器 $KM_\triangle$ 主触头闭合时，应保证定子绕组的 U_1 与 V_2、V_1 与 U_2、W_1 与 V_2 相连接。

③ 接触器 KM_Y 的进线必须从三相定子绕组的末端引入，否则在 KM_Y 吸合时，会产生三相电源短路事故。

④ 通电校验前要再检查一下熔体规格、时间继电器、热继电器的各整定值是否符合要求。

⑤ 通电校验必须有指导老师在现场监护，学生应根据电路图的控制要求独立地进行校验，如出现故障也应自行排除。

⑥ 必须在额定时间内完成。

5. 线路检测与故障排除

（1）故障设置

在控制电路或主电路中人为设置非短路电气故障两处。

（2）故障检修

检修步骤和方法如下。

① 用通电试验法观察故障现象。观察电动机、各电器元件及线路工作是否正常，如发现异常现象，应立即断电检查。

② 用逻辑分析法缩小故障范围，并在电路图上用虚线标出故障部位的最小范围。

③ 用测量法正确、迅速地找出故障点。

④ 根据故障点的不同情况，采取正确的方法迅速排除故障。

⑤ 排除故障后再通电试车。

（3）注意事项

① 检修前要先掌握电路图中各个控制环节的作用和原理，并熟悉电动机的接线方法。

② 在检修过程中严禁扩大和产生新的故障，否则要立即停止检修。

③ 检修思路和方法要正确。

④ 带电检修故障时，必须有指导老师在现场监护，并要确保用电安全。

⑤ 检修必须在额定时间内完成。

四、现场管理要求

进入工作现场时，正确穿戴工作服、工作帽，注意自身与他人的工作安全；使用常用电拖工具进行丫-△降压启动控制电路的安装时，应按照丫-△降压启动控制电路的安装要求进行操作，防止器件的损坏。注意团队成员相互间的人身安全，分工合作，共同完成丫-△降压启动控制电路的安装与调试。工作结束后，应及时对工作场地进行卫生清洁，使物品摆放整齐有序，保持现场的整洁，做到标准化管理。

考 核 评 价

本项目考核评价表见表 10-3。

表 10-3 考核评价表

考核项目	考核内容	考核方式	比重
态度	1. 工作现场整理、整顿、清理不到位，扣 5 分 2. 通电发生短路故障，扣 5 分；损坏实训设备，扣 5 分 3. 操作期间不能做到安全、整洁等，扣 5 分 4. 不遵守教学纪律，有迟到、早退、玩手机等违纪现象，每次扣 5 分 5. 进入操作现场，未按要求穿戴，每次扣 5 分	学生自评 + 学生互评 + 教师评价	30%
技能	1. 电器元件漏检或错检，每处扣 5 分 2. 元件布置不合理、不整齐、不均匀，每处扣 2 分 3. 元件安装不牢固，每个扣 2 分 4. 安装元件时漏装木螺丝，每个扣 1 分 5. 损伤元件，扣 5 分 6. 不按电路图接线，扣 10 分 7. 布线不符合要求，主电路每处扣 2 分，控制电路每处扣 1 分 8. 接点松动、露铜过长、反圈、压绝缘层等，每个扣 1 分 9. 进行技能答辩，每答错一次扣 3 分 10. 不会撰写项目报告，扣 10 分	教师评价 + 学生互评	40%
知识	1. 没有掌握按钮、接触器控制丫-△降压启动电路的安装方法，包括主电路和控制电路，扣 5 分 2. 没有理解降压启动的原因，扣 2 分 3. 没有理解丫-△降压启动的适用范围，降压的原理，扣 2 分 4. 不会安装按钮、接触器控制丫-△降压启动电路，扣 5 分 5. 没有掌握线路检测与排除故障方法，扣 5 分 6. 进行知识答辩，每答错一次扣 3 分	教师评价	30%

拓 展 提 高

一、电气故障分析方法

1. 电气控制线路的故障

电气控制线路的故障一般分为自然故障和人为故障。自然故障是电气设备在运行中由于震动、过载及工作环境的原因，被油污、粉尘或金属屑侵入所引起的，从而造成电气绝缘下降、电气触点熔焊、接触不良、接线松脱、散热条件恶化、发生接地或短路等。人为故障往往是由于操作不当、发生故障后没有及时检修、在检修时没有找到真正的原因而进行错误的维修，不合理地更换元件或改动线路等引起的。

电气控制线路发生故障后，往往会使设备不能正常工作，影响生产、造成事故。电气控制线路的形式很多，复杂程度不一，其故障又往往和设备的机械、液压等系统的故障交错在一起，有时难以区分。因此，应先了解设备的基本结构、运行形式、工作原理，以及对电气控制的基本要求和电力拖动的特点；要弄懂电气控制线路的组成、基本工作原理和工作顺序。

电气控制线路故障的检修步骤如下：寻找故障现象；根据故障现象进行分析，对故障发生的部位、电气或电器元件做出判断，并从电气控制线路原理图中找到故障发生的部位或回路，尽可能缩小故障范围；根据故障部位或回路找出故障点，并采取相应的正确措施来排除；局部或全部线路通电进行空载校验；最后运行检查。

2. 电气控制线路故障的分析方法

电气控制线路故障的常用检查方法有调查研究法、逻辑分析法、试验法和测量法，检修时应根据需要选择一种或几种同时使用。

（1）调查研究法

调查研究法是很重要的检查方法，它使检修人员能迅速有效地了解故障的类型、性质、范围，尽快做出正确的判断，减少检修工作的盲目性。调查研究的方法可总结为以下几点。

① 问。向设备操作者和现场有关人员询问发生故障前后的现象及过程。一般询问的内容包括：故障是经常还是偶尔发生；有哪些现象（如有无响声、冒烟、冒火等）；故障发生前有无频繁启动、停机、过载等；是否进行过维修，是否改动过线路、更换过电气元件等。询问是调查的主要方法，对判断故障的原因和确定故障的部位很有帮助。

② 看。对故障设备的有关部位仔细观察，看有无由故障引起的明显的外观征兆，如有无熔断器烧断和接地、短路，接线松动、脱落或断线等现象。

③ 闻。对绝缘烧坏、线圈烧毁一类的电气故障，可通过闻气味的方法帮助确定故障的部位和性质。

④ 摸。在切断电源并经检查确定储能元器件放电后，对可疑部位、部件及电器的发热元件通过触摸看其是否过热，以帮助确定其工作是否正常。

⑤ 听。听设备中各电气元件在运行时的声音与正常运行时有无明显差异。在听设备的

声音而需要通电时，应以不损坏设备和不扩大故障的范围为前提。

（2）逻辑分析法

逻辑分析法是根据电气控制线路的工作原理、控制环节的动作顺序及各部分电路之间的关系，结合故障的现象进行具体的分析，以迅速缩小检查范围，准确地判断出故障所在。这是一种以准确为前提、以快捷为目的的检查方法，更适用于对较复杂的线路进行故障检查。因为复杂的线路往往由上百个电气元件和上千条接线组成，如果逐一进行检查，不仅工作量大、时间长，而且容易遗漏。

在采用逻辑分析时，应根据原理图对故障现象做具体分析，在划出可疑范围后，可采用试验法对局部电路进行通电试验检查，逐步缩小目标，直至找到故障部位。逻辑分析法能够使貌似复杂的问题逐渐变得条理清晰，有助于减少检查的盲目性，尽快排除故障，恢复设备正常运行。

（3）试验法

在以上两种方法的基础上，需要对局部线路做进一步的检查时，或者在常规的外部检查发现不了故障时，可对电气控制线路通电进行试验检查。试验法不仅能找到故障现象，还能找到故障的部位或回路，但是通电试验检查必须在确保不损伤电气和机械设备及不扩大故障范围的前提下进行。

在进行通电试验检查前，应尽量使电动机与传动机构脱开，将调节器和相关转换开关置于零位，行程开关还原到正常位置。当电动机与传动机构不易脱开时，可切断主电路，根据检查的实际需要还可切断部分其他电路，以缩小检查范围，尽量避免扩大故障、发生意外。如果需要开动设备，应在操作人员的配合下进行。

在通电试验检查时，应先检查电源电压是否正常，有无电压过高、过低、缺相或各相严重不平衡的情况。检查应先易后难，分步进行。一般检查的顺序是：先检查控制电路后检查主电路；先检查辅助系统后检查主传动系统；先检查开关电路后检查调整电路；先检查重点怀疑部位后检查一般怀疑部位。为保证检查工作有条不紊地进行，在对较复杂的线路进行试验检查前，应考虑先拟定一个检查步骤，按逻辑分析对线路进行分解，使检查工作按步骤有目的地进行。

在通电试验检查时，也可采用分片试验的方法，即先断开所有的开关，取下所有熔断器的熔体，然后按顺序逐片对电路检查；逐一插入要检查电路的熔体，合上开关，如没有发生冒烟、冒火、熔断器熔断等异常现象，则给予动作指令（应先进行短时点动试验）；检查各控制环节、各支路的工作是否正常，若发现某一电器动作不正常，则说明故障有可能在该电器或与之相关的电路中；如果该电路没有出现不正常现象，则说明故障在被断开尚未进行检查的部分。这样逐步缩小故障范围，就可以最终找出故障点。

在对较复杂的线路进行检查，或遇到电气元件和接线排列较密集时，如怀疑有接触不良、线路不通时，可对应吸合的动合触点、不应断开的动断触点、肯定应接通的线路之间进行短接，以帮助寻找故障部位。要注意此时绝对不能用外力使接触器、继电器动作，以免引起更严重的事故。

（4）测量法

测量法是利用万用表、校验灯、试电笔、蜂鸣器、示波器等仪表工具对线路进行带电或断电测量，是找出故障点的最直接、最有效的方法。主要有如下两种测量法。

① 测量电阻法。在怀疑线路有触点接触不良、触点不能正常闭合或断开、接线松脱、电器线圈断线或短路时，可用万用表的欧姆挡测量电阻和线路的通、断情况，也可用校验灯、蜂鸣器测量线路的通断。

② 测量电压法。可用通电测量电压的方法来检查线路的通断状况。

综上所述，电气控制线路的故障不是千篇一律的，即使外在表现相同或相似的故障，其内在原因也不尽相同。因此在采用上述故障检修方法时，应该灵活运用。

二、电气原理图的阅读

1. 定义

电气原理图是表示电气化控制线路工作原理的图形，所以熟练识读电气原理图，是掌握设备正常工作状态、迅速处理电气故障必不可少的环节。在分析电气原理图时，必须与阅读其他技术资料、图样结合起来。电气原理图一般有3种阅读方法：查线阅读法、逻辑代数法和控制过程图示法。下面主要对查线阅读法进行简单介绍。

2. 查线阅读法

查线阅读法是分析电气控制线路最基本和应用最广泛的方法。采用"从主电路着眼，从控制电路着手"的方法，又称为直接读图法或跟踪追击法。此方法是按照线路根据生产过程的工作步骤一次读图。查线阅读法可以按照以下步骤进行。

（1）从主电路看有哪些控制元件的主触点及它们的组合方式，可以大致了解电动机的工作状况（如启动方式，是否有正/反转，制动，调速等）。

（2）由主电路中主触点的文字符号"顺藤摸瓜"，在控制电路中找到控制元件（如接触器、继电器等）的控制支路（环节），按功能的不同划分若干个均布控制电路来分析。

（3）假定按下操作按钮，或行程开关动作，想象其触点是如何控制其他控制元件的动作的，进而分析电动机是如何运转的。

（4）要注意各个环节相互间的联系和制约关系，即电路的自保、互锁、保护环节，以及与机械、液压部件的动作关系。

（5）逐步分析每一局部电路的工作原理及各部分之间的关系后，从整个控制电路，即从整体角度进一步理解其工作原理。

（6）边阅读分析，边查线，边画出其工作原理。

根据上述步骤，在具体分析和阅读主电路和控制电路图时还应注意以下问题。

（1）在分析电气线路之前，熟悉该生产机械的工艺情况，充分了解生产机械要完成哪些动作，这些动作之间有何联系；进一步明确生产机械的动作与执行电器的关系，必要时可以画出简单的工艺流，为分析电气线路提供方便。

（2）在分析电气线路时，一般先从电动机着手，根据主电路中有哪些控制元件的主触点、电阻件等大致判断电动机是否有正/反转控制，制动控制和调速要求等。

（3）通常对控制电路按照由上往下或由左往右的顺序依次阅读。可以按主电路的构成情况，把控制电路分解成与主电路相对应的几个基本环节，然后把各个环节串起来。

在应用查线阅读法读图的过程中，首先要记住各信号元件、控制元件或执行元件的原始状态；设想按动操作按钮，线路中有哪些元件动作，这些元件的触点又是如何控制其他元件动作的，查看受驱动的执行元件有何运动，同时要注意相互的联系和制约关系；进而再继续检查执行元件带动机械运动时，会使哪些信号元件状态发生变化；然后，再查对线路信号元件状态变化时执行元件如何动作，直至将线路全部看懂为止。

查线阅读法的优点是直观性强，容易掌握；缺点是分析复杂线路时容易出错，叙述也较长。

附录A

高级电工理论知识考核模拟试题及参考答案

一、选择题（每题 1 分，满分 60 分）

1. （　　　）的说法不正确。
   A. 磁场具有能的性质　　　　　　　B. 磁场具有力的性质
   C. 磁场可以相互作用　　　　　　　D. 磁场也是由分子组成的

2. 在铁磁物质组成的磁路中，磁阻非线性的原因是（　　　）是非线性的。
   A. 磁导率　　　　B. 磁通　　　　C. 电流　　　　D. 磁场强度

3. 正确的自感系数单位换算是（　　　）。
   A. 1 H = 10^3mH　　B. 1μH = 10^3mH　　C. 1 H = 10^6mH　　D. 1μH = 10^{-6}mH

4. 自感电动势的大小正比于本线圈中电流的（　　　）。
   A. 大小　　　　B. 变化量　　　　C. 方向　　　　D. 变化率

5. JT-1 型晶体管图示仪输出集电极电压的峰值是（　　　）。
   A. 100 V　　　　B. 200 V　　　　C. 500 V　　　　D. 1000 V

6. 示波器面板上的"聚焦"就是调节（　　　）的电位器旋钮。
   A. 控制栅极正电压　　　　　　　　B. 控制栅极负电压
   C. 第一阳极正电压　　　　　　　　D. 第二阳极正电压

7. 使用 SR-8 型双踪示波器时，如果找不到光点，可调整（　　　），借以区别光点的位置。
   A. "X轴位移"　　B. "Y轴位移"　　C. "辉度"　　　　D. "寻迹"

8. 双踪示波器的示波管中装有（　　　）偏转系统。
   A. 一个电子枪和一套　　　　　　　B. 一个电子枪和两套
   C. 两个电子枪和一套　　　　　　　D. 两个电子枪和两套

9. 一般要求模拟放大电路的输入电阻（　　　）。

A. 大些好，输出电阻小些好　　　　B. 小些好，输出电阻大些好

C. 和输出电阻都大些好　　　　D. 和输出电阻都小些好

10. 串联型稳压电路中的调整管工作在（　　）状态。

  A. 放大　　　　B. 截止　　　　C. 饱和　　　　D. 任意

11. （　　）电路的逻辑表达式为 $Y = A \cdot \overline{B}$。

  A. 与门　　　　B. 或门　　　　C. 与非门　　　　D. 或非门

12. 或非门 RS 触发器的触发信号为（　　）。

  A. 正弦波　　　B. 正脉冲　　　C. 锯齿波　　　D. 负脉冲

13. TTL 与非门 RC 环形多谐振荡器的振荡频率由（　　）决定。

  A. TTL 与非门的个数　　　　B. 电阻 R 的大小

  C. 电容 C 的容量　　　　D. 电阻 R 和电容 C

14. 计数器主要由（　　）组成。

  A. RC 环形多谐振荡器　　　　B. 石英晶体多谐振荡器

  C. 显示器　　　　D. 触发器

15. 由基本 RS 触发器组成的数码寄存器清零时，需在触发器（　　）。

  A. $\overline{S}$ 端加一正脉冲　　　　B. R 端加一负脉冲

  C. $\overline{S}$ 端加一正脉冲　　　　D. $\overline{R}$ 端加一负脉冲

16. 一个发光二极管显示器应显示"7"，实际显示"1"，则故障线段应为（　　）。

  A. a　　　　B. b　　　　C. d　　　　D. f

17. 在带平衡电抗器的双反星形可控整流电路中（　　）。

  A. 存在直流磁化问题　　　　B. 不存在直流磁化问题

  C. 存在直流磁滞损耗　　　　D. 不存在交流磁化问题

18. 在晶闸管斩波器中，保持晶闸管触发频率不变，改变晶闸管导通的时间从而改变直流平均电压值的控制方式叫（　　）。

  A. 定频调宽法　　B. 定宽调频法　　C. 定频定宽法　　D. 调宽调频法

19. 电力场效应管 MOSFET 是理想的（　　）控制器件。

  A. 电压　　　　B. 电流　　　　C. 电阻　　　　D. 功率

20. 在电力电子装置中，电力晶体管一般工作在（　　）状态。

  A. 放大　　　　B. 截止　　　　C. 饱和　　　　D. 开关

21. 绝缘栅双极晶体管属于（　　）控制元件。

  A. 电压　　　　B. 电流　　　　C. 功率　　　　D. 频率

22. 示波器中的示波管采用的屏蔽罩一般用（　　）制成。

  A. 铜　　　　B. 铁　　　　C. 塑料　　　　D. 坡莫合金

23. 大型变压器的铁心轭截面通常比铁心柱截面大（　　）。

  A. 5%～10%　　B. 10%～15%　　C. 15%～20%　　D. 5%

24. 变压器内清洗时，油箱及铁心等处的油泥可用铲刀刮除，再用布擦干净，然后用变压器油冲洗，绝不能用（　　）刷洗。

  A. 机油　　　　B. 强流油　　　　C. 煤油　　　　D. 碱水

25. 三相鼠笼式异步电动机的转子铁心一般都采用斜槽结构，其原因是（　　）。
　　A. 改善电动机的启动和运行性能　　B. 增加转子导体的有效长度
　　C. 价格低廉　　　　　　　　　　　D. 制造方便

26. 在直流电机中，为了改善换向，需要装置换向极，其换向极绕组应与（　　）。
　　A. 主磁极绕组串联　　　　　　　　B. 主磁极绕组并联
　　C. 电枢串联　　　　　　　　　　　D. 电枢并联

27. 变压器做空载试验，要求空载电流一般在额定电流的（　　）左右。
　　A. 5%　　　　　　B. 10%　　　　　　C. 12%　　　　　　D. 15%

28. 换向器在直流发电机中起（　　）的作用。
　　A. 交流电变直流电　　　　　　　　B. 直流电变交流电
　　C. 保护电刷　　　　　　　　　　　D. 产生转子磁通

29. 串励直流电动机负载增大时，其转速下降很多，其机械特性称为（　　）特性。
　　A. 硬　　　　　　B. 较软　　　　　　C. 软　　　　　　D. 较硬

30. 三相异步电动机产生最大转矩时的临界转差率与转子电路电阻的关系为（　　）。
　　A. 与电阻成反比　　　　　　　　　B. 与电阻成正比
　　C. 与电阻无关　　　　　　　　　　D. 与电阻平方成正比

31. 一台 Y-160M-4 三相异步电动机，额定功率是 11kW，额定转速为 1460r/min，则它的额定输出转矩为（　　）N·m。
　　A. 71.95　　　　　B. 143.9　　　　　C. 35.96　　　　　D. 17.98

32. 直流测速发电机按励磁方式可分为（　　）种。
　　A. 2　　　　　　B. 3　　　　　　C. 4　　　　　　D. 5

33. 正弦旋转变压器在定子的一个绕组中通入励磁电流，转子对应的一个输出绕组按高阻抗负载，其余绕组断路，则输出电压大小与转子转角α的关系是（　　）。
　　A. 与转子转角α成反比　　　B. 与转子转角α无关
　　C. 与转子转角α成正比　　　D. 与其正弦成正比

34. 反应式步进电动机的步距角θ的大小与运行拍数m的关系是θ与（　　）。
　　A. m成正比　　B. m成反比　　C. m^2成正比　　D. m^2成反比

35. 滑差电动机平滑调速是通过（　　）的方法来实现的。
　　A. 平滑调节转差离合器直流励磁电流大小
　　B. 平滑调节三相异步电动机三相电源电压大小
　　C. 改变三相异步电动机极数多少
　　D. 调整测速发电机的转速大小

36. 绕线式异步电动机串级调速是将转子的转差功率加以利用并回馈给系统中去，根据转差功率回馈方式的不同，可将串级调速方法分为（　　）种。
　　A. 3　　　　　　B. 4　　　　　　C. 2　　　　　　D. 5

37. 根据无刷直流电动机的特点，调速方法正确的是（　　）。
　　A. 变极　　　　　B. 变频　　　　　C. 弱磁　　　　　D. 用电子换相开关改变电压

38. （　　）不能改变交流异步电动机转速。
　　A. 改变定子绕组的磁极对数　　　　B. 改变供电电网的电压

  C. 改变供电电网的频率   D. 改变电动机的转差率

39. 三相并励换向器电动机调速适用于（ ）负载。

  A. 恒转矩 B. 逐渐增大转矩 C. 恒功率 D. 逐渐减小转矩

40. 变频调速中变频器的作用是将交流供电电源变成（ ）的电源。

  A. 压变频变 B. 压变频不变 C. 频变压不变 D. 压不变频不变

41. 在负载增加时，电流正反馈引起的转速补偿其实是转速上升，而非转速量（ ）。

  A. 上升   B. 下降

  C. 上升一段时间然后下降   D. 下降一段时间然后上升

42. 电流截止负反馈的截止方法不仅可以用电压比较法，还可以在反馈回路中接一个（ ）来实现。

  A. 晶闸管 B. 三极管   C. 单晶管 D. 稳压管

43. 感应同步器主要参数有动态范围、精度及分辨率，其中精度应为（ ）m。

  A. 0.2   B. 0.4   C. 0.1   D. 0.3

44. CNC 数控机床中的可编程控制器得到控制指令后，可以去控制机床（ ）。

  A. 工作台的进给   B. 刀具的进给

  C. 主轴变速与工作台进给   D. 刀具库换刀，油泵升起

45. 交流电梯额定速度不超过 1 m/s 时，渐进行安全钳动作速度 v 的范围为（ ）m/s。

  A. $v \leqslant 1.5$ B. $v > 1.5$ C. $1.5 \leqslant v < 3$ D. $1.5 \leqslant v < 1$

46. PLC 交流双速电梯中，PLC 输出接口一般采用（ ）方式。

  A. 晶闸管 B. 继电器   C. 晶体管 D. 单晶管

47. 计算机之所以能实现自动连续运算，是由于采用了（ ）。

  A. 布尔逻辑 B. 存储程序 C. 数字电路 D. 集成电路

48. 一个完整的计算机系统包括（ ）。

  A. 计算机及其外围设备   B. 主机、键盘及显示器

  C. 软件系统和硬件系统   D. 模拟电路部分和数字电路部分

49. 一般工业控制微机不苛求（ ）。

  A. 用户界面良好   B. 精度高

  C. 可靠性高   D. 实时性

50. PLC 可编程序控制器的整个工作过程分 5 个阶段，当 PLC 通电运行时，第一个阶段应为（ ）。

  A. 与编程器通信   B. 执行用户程序

  C. 读入现场信号   D. 自诊断

51. 在梯形图编程中，传送指令（MOV）的功能是（ ）。

  A. 将源通道内容传送给目的通道，源通道内容清零

  B. 将源通道内容传递给目的通道，源通道内容不变

  C. 将目的通道内容传递给源通道，目的通道内容清零

  D. 将目的通道内容传递给目的通道，目的通道内容不变

52. 单项半桥逆变器（电压型）的每个导电臂由一个电力晶体管和一个二极管（ ）组成。

A. 串联 　　　B. 反串联 　　　C. 并联 　　　D. 反并联

53. 电压型逆变器是用（　　　）。

　　A. 电容器来缓解有功能量 　　　　B. 电容器来缓解无功能量

　　C. 电感器来缓解有功能量 　　　　D. 电感器来缓解无功能量

54. 工时定额通常包括作业时间、布置工作时间、休息与生活需要时间以及（　　　）和结束时间。

　　A. 加工准备 　　　　　　　　　　B. 辅助时间

　　C. 停工损失时间 　　　　　　　　D. 非生产性工作所消耗时间

55. 缩短辅助时间的措施有（　　　）。

　　A. 缩短作业时间 　　　　　　　　B. 缩短休息时间

　　C. 缩短准备时间 　　　　　　　　D. 总结经验推出先进的操作法

56. 能利用机械能来完成有用功或转换能量的只有（　　　）。

　　A. 机构 　　　B. 机器 　　　C. 构件 　　　D. 零件

57. 在载荷大、定心精度要求高的场合宜选用（　　　）连接

　　A. 平键 　　　B. 半圆键 　　　C. 销 　　　D. 花键

58. V 型带传动中，新旧带一起使用，会（　　　）。

　　A. 发热过大 　　　　　　　　　　B. 传动比恒定

　　C. 缩短新带寿命 　　　　　　　　D. 增大承载能力

59. 标准直齿圆柱齿轮分度圆直径 d，基圆直径 d_b 和压力角 α 三者的关系为（　　　）。

　　A. $d_b=d\cos\alpha$ 　　B. $d=d_b\cos\alpha$ 　　C. $d_b=d\tan\alpha$ 　　D. $d=d_b\tan\alpha$

60. 实现滚动轴承内圈周向固定的措施是采用（　　　）。

　　A. 过盈配合 　　　B. 键连接 　　　C. 销连接 　　　D. 轴承盖

二、判断题（将判断结果填入括号中，正确的填"√"，错误的填"×"。每题 1 分，满分 20 分）

（　　　）61. 磁场强度和磁感应强度是描述磁场强弱的同一个物理量。

（　　　）62. 有感生电动势就一定有感生电流。

（　　　）63. 用晶体管图示仪观察显示 NPN 型三极管的输出特性时，基极阶梯信号的极性开关应置于"+"，集电极扫描电压极性开关应置于"–"。

（　　　）64. 使用示波器时，应将被测信号接入"Y 轴输入"端口。

（　　　）65. 同步示波器可用来观测持续时间很短的脉冲或非周期性的信号波形。

（　　　）66. TTL 与门电路正常工作时能带动同类与非门的最大数目称为扇出系数。

（　　　）67. 在三相半控桥式整流电路中，要求共阳极晶闸管的触发脉冲之间的相位差为 120°。

（　　　）68. 三相异步电动机转动的首要条件是：在定子绕组中通入三相交流电产生一个旋转磁场。

（　　　）69. 直流发电机的外特性曲线越平坦，说明它的输出电压稳定性越差。

（　　　）70. 直流伺服电动机不论是枢控式，还是磁极控制式，均不会有"自转"现象。

（　　　）71. 在自动装置和遥控系统中使用的自整角机都是单台电机。

（　　　）72. 直流力矩电动机适用于在位置伺服系统和调速伺服系统中作为执行元件，

也可以作为测速发电机使用。

（   ）73. 斩波器属于直流/交流变换。

（   ）74. 光栅透射直线式是一种用光电元件把两块光栅移动时产生的明暗变化转变为电压变化进行测量的方式。

（   ）75. 按机床数控运动轨迹划分，加工中心属于轮廓控制型数控机床。

（   ）76. 交流调压调速电梯，目前普遍采用饱和电抗调压电路进行电梯调速。

（   ）77. PLC交流电梯处于自由状态时，按下直达按钮，电梯会迅速达到所需要层。

（   ）78. 广泛采用新技术、新设备、新工艺是缩短基本时间的根本措施。

（   ）79. 链传动中链条的节数采用奇数最好。

（   ）80. 弹性联轴器具有缓冲、减震的作用。

三、简答题（每题 5 分，满分 10 分）

81. 什么叫零点漂移？产生零点漂移的原因是什么？

82. 直流电机检修后，应做哪些试验？

四、计算题（每题 5 分，满分 10 分）

83. 有一个直流含源二端网络，用内阻为 50kΩ 的电压表测得它两端的电压为 110V，用内阻为 150kΩ 的电压表测得它两端的电压 150V，求这个网络的等效电动势和内阻。

84. 附图 A-1 所示为一固定偏置的电管放大电路，已知 E_c=12V，R_b=400kΩ，R_c=3kΩ，三极管的 β=50，试用估算法求解：

① 静态工作点 I_b，I_c，U_{ce}；

② 若 I_c=2mA，求 I_b 和 R_b 的值。

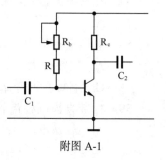

附图 A-1

参 考 答 案

一、选择题

1. D	2. A	3. A	4. D	5. B
6. C	7. D	8. A	9. A	10. A
11. C	12. B	13. D	14. D	15. B
16. A	17. B	18. A	19. A	20. D
21. A	22. D	23. A	24. D	25. A
26. C	27. A	28. A	29. C	30. B
31. A	32. A	33. D	34. B	35. A
36. C	37. D	38. B	39. A	40. A
41. B	42. D	43. C	44. D	45. B
46. B	47. A	48. C	49. A	50. D
51. B	52. D	53. B	54. C	55. D
56. B	57. D	58. C	59. A	60. A

二、判断题

61. ×	62. ×	63. ×	64. ×	65. √

66. √	67. √	68. √	69. ×	70. √
71. ×	72. √	73. √	74. ×	75. √
76. ×	77. ×	78. √	79. ×	80. √

三、简答题

81. 答：所谓零点漂移，是指当放大器的输入端短路时（1分），在输出端有不规律的、变化缓慢的电压产生的现象（1分）。产生零点漂移的主要原因是温度的变化对晶体管参数的影响（1分）以及电源电压的波动等（1分）。在多级放大器中，前级的零点漂移影响最大，级数越多和放大倍数越大，则零点漂移越严重（1分）。

82. 答：
① 测量各绕组对地的绝缘电阻（1分）；
② 确定电刷几何中性线的位置（1分）；
③ 耐压试验（1分）；
④ 空载试验（1分）；
⑤ 超速试验（1分）。

四、计算题

83. 解：当用电压表测含源二端网络时，其等效电路如附图 A-2 所示。

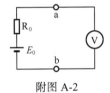

附图 A-2

由图可知

$$U_{ab}=E_0R_b/（R_0+R_b）\qquad（2分）$$

式中 R_b 是电压表的内阻。
将两次测得的结果代入上式得

$$100=E_0×50/(R_0+50)\qquad①\qquad（1分）$$

$$150=E_0×150/(R_0+150)\qquad②\qquad（1分）$$

解①和②得

$$E_0=200V\qquad R_0=50k\Omega\qquad（1分）$$

84. 解：
①

$$I_b≈E_c/R_b=12V/400k\Omega=30\mu A\qquad（1分）$$

$$I_c=\beta I_b=50×30\mu A=1.5mA\qquad（1分）$$

$$U_{ce}=E_c-I_cR_c=12V-1.5mA×3k\Omega=7.5V\qquad（1分）$$

② 若 $I_c=2mA$，则

$$I_b=I_c/\beta=2mA/50=40\mu A\qquad（1分）$$

$$R_b≈E_c/I_b=12V/40\mu A=300k\Omega\qquad（1分）$$

附录 B

常用电气符号与限定符号

常用电气符号国家标准（GB/T 4728—2005～2008）

名称	GB/T 4728—2005～2008	GB 20939—2007 文字符号	名称	GB/T 4728—2005～2008	GB 20939—2007 文字符号
直流电			有铁心的双绕组变压器	或	T
交流电					
交直流电			可调压的单向自耦变压器		T
正、负极	+ −		三相自耦变压器，星形连接		T
三角形连接的绕组	△				
星形连接的三相绕组			电流互感器	或	TA
中性点引出的星形连接的三相绕组					
导线组（示出导线数）			直流串励电动机		M
导线连接			直流并励电动机		M
端子板		XT			
接地			他励直流电动机		M
电阻器		R			
可调电阻器		R	三相鼠笼式感应电动机		M3～
带滑动触点的电位器		RP			
电容器		C	三相绕线式转子感应电动机		M3～
电感器、线圈、绕组		L			
带磁芯的电感器		L	普通刀开关	形式1 / 形式2	Q
电抗器		L			
具有常开触点的且自动复位的按钮开关		SB	普通三相刀开关		Q

名称	GB/T 4728—2005～2008	GB 20939—2007 文字符号	名称	GB/T 4728—2005～2008	GB 20939—2007 文字符号
按钮常闭触点		SB	继电器线圈		KA
带动合触点的位置开关触点		SQ	继电器常开触点		KA
带动断触点的位置开关		SQ	继电器常闭触点		KA
熔断器		FU	热继电器驱动器件		FR
接触器线圈		KM	热继电器常开触点		FR
接触器常开触点		KM	热继电器常闭触点		FR
接触器常闭触点		KM	缓慢释放继电器线圈		KT
接近开关的常开触点		SQ	缓慢吸合继电器线圈		KT
接近开关的常闭触点		SQ	当操作器件被吸合时延时闭合的动合触点		KT
速度继电器的常开触点		KV	当操作器件被释放时延时断开的动合触点		KT
速度继电器的常闭触点		KV	当操作器件被释放时延时闭合的动断触点		KT
电磁离合器		YC	当操作器件被吸合时延时断开的动断触点		KT
电磁阀		YV	照明灯		EL
			指示灯、信号灯		HL
电磁铁		YA	二极管		VD
			普通晶闸管		V
电磁制动器		YB	NPN 晶体管		VT
滑动（滚动）连接器		E	PNP 晶体管		VT
插座		XS	插头		XP

参考文献

［1］王兆安，黄俊. 电力电子技术[M]. 4 版. 北京：机械工业出版社，2000.

［2］莫正康. 电力电子应用技术[M]. 3 版. 北京：机械工业出版社，2005.

［3］刘志刚. 电力电子学[M]. 北京：北京交通大学出版社，2004.

［4］程周. 电工与电子技术[M]. 北京：高等教育出版社，2003.

［5］宋健雄. 低压电气设备运行与维修[M]. 北京：高等教育出版社，2007.

［6］王建. 电气控制线路安装与维修[M]. 北京：中国劳动社会保障出版社，2006.

［7］赵承荻. 电机与电气控制技术[M]. 北京：高等教育出版社，2007.